Haka

Was die Menschen
in Organisationen
von der Māori-Kultur
lernen können

Haka

Was die Menschen in Organisationen von der Māori-Kultur lernen können

von

REBECCA BURKE

und

NICOLAS KORTE

Verlag Franz Vahlen München

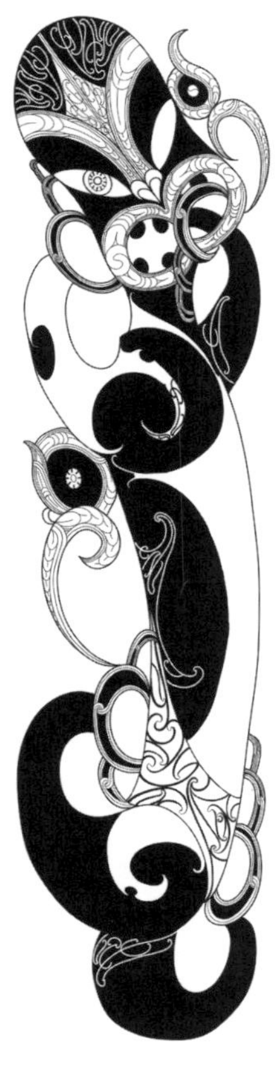

Carl Tate
Nō Te Mahurehure,
Ngai Tū me Ngati Tamatea
oku hapu
nō roto Hokianga nui a Kupe.

I am from Te Mahurehure,
Ngai Tū and Ngati Tamatea
are my subtribes from
within Hokianga, the great
harbor of Kupe

Das Titelbild »Te pou tokomanawa o Tiaman« des Māori-Künstlers und Tattoo-Experten Carl Tate[1] erzählt die Geschichte von Odin und seinen beiden Raben Hugin und Munin. Es spiegelt das Wissen wider, das in diesem Buch mithilfe von traditionellen Mātauranga Māori, dem Wissenkonzept der Māori festgehalten wurde, um es an zukünftige Generationen weiterzugeben. Es ist aber auch eine Mahnung, die traditionellen Geschichten und das Wissen der Ureinwohner unseres Landes wieder aufleben zu lassen. »Te pou tokomanawa o Tiaman« der pou tokomanawa, ist der Hauptstützpfeiler der Wharenui, des großen Meeting-Hauses, und stellt eine Verbindung zur tragenden Säule des Wissens für die Gemeinschaft für diese Buches dar.

Dr. Rebecca Burke ist Historikerin und promovierte 2014 an der Victoria University Wellington als damals erste Deutsche in Māori Culture. Sie gilt als deutsche Expertin für Māori-Kultur und pflegt ein weltweites Netzwerk von Māori-Experten und ist immer wieder gefragte Spezialistin für Funk und Fernsehen. Zurzeit arbeitet sie im Bereich Transfer, Forschung und Stakeholdermanagement für Hochschulen und Universitäten und versteht sich als »Alliierte« der Māori und des kulturellen Diskurses.

Nicolas Korte war über 25 Jahre als Führungskraft, davon 20 Jahre als Geschäftsführer in verschiedenen Konzernen und mittelständischen Unternehmen tätig. Nachdem er 2017 zum ersten Mal mit dem Thema »agile Organisation« in Berührung gekommen war, transformierte er nicht nur konsequent seine eigene Unternehmensgruppe, sondern auch sich selbst. Nach Ausbildung zum systemischen Coach für Organisationsentwicklung verließ er sein Unternehmen und ist seit 2021 als Verbündeter für Veränderung selbstständig und unterstützt Unternehmen und Menschen bei Veränderungsprozessen.

vahlen.de

ISBN Print 978 3 8006 7311 7
ISBN E-Book (ePDF) 978 3 8006 7312 4
ISBN E-Book (ePUB) 978 3 8006 7313 1

Druck und Bindung: Beltz Grafische Betriebe GmbH
Am Fliegerhorst 8, 99947 Bad Langensalza

Satz: Fotosatz Buck,
Zweikirchener Str. 7, 84036 Kumhausen
Produktion: Sieveking Agentur, München
Umschlag: Ralph Zimmermann – Bureau Parapluie
Illustration auf dem Umschlag und im Buch: Carl Tate

vahlen.de/nachhaltig

Gedruckt auf säurefreiem, alterungsbeständigem Papier
(hergestellt aus chlorfrei gebleichtem Zellstoff)

INHALTSVERZEICHNIS

VORWORT

»MĀ MUA KA KITE A MURI, MĀ MURI KA ORA A MUA«

Diejenigen, die führen, geben denen, die folgen, das Augenlicht, die, die folgen, geben denen, die führen, das Leben.

Der Erste zu sein, ist meistens eine schwierige und einsame Reise. Wenn man Neuland betritt, ist man mit Unsicherheiten, Zweifeln und Erwartungen konfrontiert. Aber es ist genau dieser Pioniergeist, der Entdeckungen, Fortschritt und Innovation hervorbringt. Wenn man sich Herausforderungen mit

Leidenschaft und Entschlossenheit stellt, kann ein Funke überspringen, der eine einzigartige Gelegenheit bietet, sich selbst zu entdecken und einen tieferen Einblick in das zu gewinnen, was man ist und was einem wichtig ist. Der Erste zu sein bedeutet, in unbekannten Gewässern zu navigieren. Es erfordert Widerstandsfähigkeit und einen unerschütterlichen Glauben an deine Vision. Obwohl das ein aufregendes und bereicherndes Abenteuer bedeuten kann, kann die Einsamkeit dieser Reise auch isolierend sein. Dabei lernst du, dich auf deine innere Stärke zu verlassen, Trost in deiner Bestimmung zu finden und tief in deine persönlichen Bestrebungen und Ambitionen einzutauchen.

2017 habe ich meinen Job als Syndikusanwalt in der Pharmaindustrie aufgegeben. Es war eine Entscheidung, die schon lange anstand und durch eine Reihe von persönlichen Veränderungen in meinem Leben ausgelöst wurde. Der Kern dieser Entscheidung war die Erkenntnis, dass ich den Kontakt zu meiner eigenen kulturellen Identität und damit auch zu meinen Māori-Wurzeln verloren hatte. Mein Leben in Dänemark war geprägt von einem typisch dänischen Lebensstil, umgeben von einem kleinen Freundeskreis und einem hektischen Berufsleben. Nachdem ich jahrelang in der dänischen Geschäftswelt gearbeitet hatte, war ich daran gewöhnt, die Dinge auf die »dänische Art« zu tun. Daran ist nichts falsch. Denn um sich in die dänische Gesellschaft einzufügen, war es notwendig, bestimmte Verhaltensweisen anzunehmen und Gleichheit und Zusammenarbeit zu fördern.

Ich erinnere mich an ein Gespräch mit meinem Kollegen über den *haka*, die rituelle Herausforderung der Māori. Mein erster Gedanke waren die All Blacks (die neuseeländische Rugby-Nationalmannschaft). Hier ist der *haka* seit 1885 fester Bestandteil der Zeremonie vor dem Spiel und stellt für Nicht-Neuseeländer oft den ersten Kontakt mit der Māori-Kultur dar. Später an diesem Abend erinnerte ich mich daran, wie seltsam es für mich war, dass ich mein ganzes Leben lang den *haka* gelernt und vorgeführt hatte, aber ein Beispiel ausgewählt hatte, das zwar visuell beeindruckend war, aber keine Verbindung zu meinem Verständnis des *haka* hatte. Ich merkte, dass ich versuchte, mich anzupassen und mich für etwas schämte, was eigentlich immer mein kultureller Stolz gewesen war. Durch diesen Schutzmechanismus konnte ich »unter dem Radar fliegen«, ohne mein Privatleben mit jemandem in meinem Arbeitsumfeld teilen zu müssen. Plötzlich wurde mir bewusst, dass ich meine Authentizität verloren hatte und dass die vielen Säulen meiner Werte, die aus der Welt der Māori stammten, zusammengebrochen waren. Und das alles, um sich in eine neue Kultur einzufügen.

Das war der Beginn einer Reise, um mich mit mir selbst zu versöhnen und zu den kulturellen Wurzeln meiner Vorfahren zurückzukehren. So gründete ich ein Unternehmen, das *haka* als Teambuilding-Übung anbietet. Schnell wurde mir klar, dass *haka* den Teilnehmern die Möglichkeit bot, ihre Masken abzulegen und etwas von ihrer Persönlichkeit in das Arbeitsumfeld einzubringen. Es wurde klar, dass der Code des *haka* ein Rahmenwerk ist, das in die westliche Geschäftswelt übertragen werden kann und Unternehmen einen Weg zu persönlicher Entwicklung, innovativem Denken und neuen Führungsqualitäten bietet. Mir wurde immer bewusster, dass *haka* eine Methode ist, um einen bestehenden kulturellen Fußabdruck neu zu formen und zu verändern und somit den Grundstein für eine neue Organisationskultur zu legen. So begann meine eigene Reise zu mir selbst sich auch in meiner Arbeit widerzuspiegeln.

Neue Werkzeuge mussten entwickelt werden, um die unternehmerischen Prozesse zu erleichtern und die Wirksamkeit der Kulturbildung im Unternehmensumfeld musste messbar gemacht werden. Aber dafür gab es keine Handbücher oder Beispiele aus der Praxis. Ich war sicher nicht der erste, der diesen Zusammenhang entdeckte. Aber wahrscheinlich der erste, der das volle Potenzial erkannte und in die Praxis umsetzte. Jetzt, 6 Jahre später und nach der Arbeit mit über 200 Unternehmen und globalen Sportteams, habe ich gesehen, wie erfolgreich indigenes Denken die Unternehmensführung revolutionieren kann und das Potenzial hat, ein Umfeld für Authentizität, Vertrauen und schrittweise Innovation zu schaffen.

Als Nico und Ripeka mir zum ersten Mal von ihrem Projekt erzählten, ein Buch zu schreiben, das die

Māori-Kultur mit agilen Philosophien verbindet, war ich fasziniert. In den letzten 25 Jahren hat es in der Māori-Welt einen Trend gegeben, der untersucht, wie die Māori-Kultur technologische und ideologische Sprünge machen kann und wie wir uns selbst betrachten und unsere Kultur schützen und bewahren können. Indigene Kulturen wie die Cree in Nordamerika und Kanada und die Inuit in Grönland entwickeln nachhaltige Geschäftsmodelle, die auf historischen Ritualen und Traditionen basieren, die von früheren Generationen überliefert wurden.

Einer der Gründe für diese Innovation liegt darin, dass sie sich auf die Schaffung von Umgebungen konzentrieren, in denen authentische Angebote entwickelt werden können, ohne von gesellschaftlichen Erwartungen gestört zu werden. Dadurch entsteht ein ganzheitlicher Fokus auf den Aufbau von Beziehungen, die indigenes Wissen schützen und definieren. Die Fähigkeit, ein Geschäft und eine Technologie zu entwickeln, die die Bedürfnisse und Wünsche der indigenen Welt berücksichtigt und gleichzeitig mit Investitionen und Strategien verbunden ist, stellt einen nachhaltigen Weg in die westliche Welt dar. Es ist ein Modell dafür, wie die heutige Welt Partnerschaften aufbauen kann, die die alten Rituale und Traditionen indigener Kulturen ehren, respektieren und gleichzeitig davon profitieren.

»Ma Te Mohio Ka Marama«

Verständnis kommt durch Bewusstwerden

Inmitten des sich schnell verändernden Umfelds der modernen Wirtschaft suchen Organisationen aktiv nach einfallsreichen Strategien, um nicht nur zu überleben, sondern zu gedeihen und zu wachsen. Die Verschmelzung der Prinzipien der Māori-Kultur mit agilen Geschäftsmethoden schafft eine einzigartige Perspektive für eine Neudefinition dessen, was Erfolg in einem Unternehmen ausmacht. Māori-Unternehmen folgen einem einzigartigen Wertekanon, der sie von anderen Unternehmen unterscheidet. Anstatt sich ausschließlich auf Profit zu konzentrieren, beinhaltet der Māori-Fokus ein fein austariertes Gleichgewicht zwischen wirtschaftlichem Wohlstand und sozialem, kulturellem und ökologischem Wohlergehen. Für die Māori gibt es eine vierfache Balance – Menschen, Erde, Zweck und Gewinn – die als Kompass für ihre Entscheidungsprozesse dient.

Diese Werte sind tief im *tikanga*, dem ethischen Rahmen der Māori-Gesellschaft, verwurzelt und durchdringen die Bräuche, Systeme und Prozesse der von Māori geführten Organisationen. Auf diese Weise wird die Orientierung an ethischen Standards in allen Unternehmen sichergestellt. Māori-Unternehmen gehen über die reine Gewinnerzielung hinaus und verfolgen den vielschichtigen Ansatz der finanziellen Nachhaltigkeit, die soziale und kulturelle Bestrebungen miteinander verbindet. Die Fähigkeit, viele Faktoren zu berücksichtigen, bedeutet, dass *tikanga* fließend und flexibel bleibt. So können Unternehmen wählen, welches *tikanga* sie für ihre Arbeit und ihre verschiedenen Beziehungsverpflichtungen verwenden möchten. Māori verstehen, dass wahrer Wohlstand über finanziellen Gewinn hinausgeht und Harmonie mit den Zielen der Gemeinschaft und der Gesellschaft erfordert.

Grundlegende Prinzipien, die in verschiedenen Bereichen anwendbar sind, stehen im Mittelpunkt der Māori-Geschäftsethik. Unabhängig von Maßstab und Fokus leiten diese Prinzipien Handlungen und Ideen und ermöglichen eine Reihe unterschiedlicher Kommunikationswege. Diese Wege ermöglichen eine authentische Verbindung zwischen dem Zweck und den gesteuerten Paradigmen, dem ökologischen Bewusstsein, der kulturellen Integration und dem Schutz und der Ehrung des Erbes der Vorfahren.

Die Übernahme der Māori-Philosophie bietet vielversprechende Möglichkeiten, stellt aber auch innovative Herausforderungen für viele westliche Unternehmen dar, die eher an hierarchische Strukturen gewöhnt sind. Der Übergang zu einem kollektiveren Rahmen erfordert ein visionäres Engagement für eine zielorientierte Entwicklung, die kollektive Errungenschaften über persönlichen Gewinn stellt. Ein Ansatz, bei dem der Mensch im Mittelpunkt steht, sorgt für nährende Fürsorge, gemeinschaftlichen Zusammenhalt und kulturelle Authentizität, die das gemeinsame Streben nach Exzellenz fördern.

Als Māori, der seit 25 Jahren außerhalb Neuseelands lebt, bin ich mir der wahren Kraft meiner Kultur bewusst, die für den Aufbau und die Aufrechterhaltung von Beziehungen von unschätzbarem Wert ist. Ripeka und Nico haben nun den wichtigen Schritt getan, die Grundprinzipien dieses *Taonga* (Geschenk) zu teilen. Sie haben sich entschieden, eine gemeinsame Reise zu unternehmen und durch die Einblicke in die Welt der Māori Dinge und Ideen in ihre eigene kulturelle Welt zu spiegeln. Ein solches Unterfangen ist nichts für Zaghafte, denn es erfordert Mut, Generationen von Annahmen und Gewohnheiten neu zu bewerten, zu interpretieren und dann neu zu gestalten. Die ersten Schritte sind immer unsicher und wackelig, aber dieser Weg ist ein gut ausgetretener Pfad, der von Generationen von Māori und anderen indigenen Kulturen beschritten wurde, die freiwillig oder gezwungenermaßen einen Weg gefunden haben, unter schwierigen Umständen zu überleben und zu gedeihen. Letztendlich ist dieses Buch eine Einladung, sich mit der eigenen Kultur, der des Lesers, wieder zu verbinden. Die Reise mag mit einer Diskussion über die Verbindung zwischen agilem Denken und der

Welt der Māori beginnen. Aber das ist nur der Anfang eines Prozesses der kollektiven und individuellen Reflexion.

Damit diese Interaktion stattfinden kann, ist es in der Anfangsphase wichtig, eine Sprache zu schaffen, die fließend, leicht verständlich und schnell anpassbar an die Bedürfnisse derer ist, die sie benutzen. Dabei muss es sich nicht um eine verbale Sprache handeln, sondern kann sich in einer Verpflichtung zur Verbesserung der Exzellenz ausdrücken, die von einem Sinn für emotionale Intelligenz und Zugehörigkeit umgeben ist. Dieses Buch ebnet den Weg, um Diskussionen auf eine neue Ebene zu heben. Es kann nicht nur Einzelpersonen, sondern auch Organisationen voranbringen. Indem sie sich mit ihrer Vergangenheit auseinandersetzen und sich der zentralen Frage stellen, was ihr Verständnis, ihre Ambitionen und ihre Strukturen von heute sind.

Wie bereits erwähnt, kann es eine Herausforderung sein, der Erste zu sein, aber ohne jemanden, der den Grundstein legt, kann nichts gebaut werden. Ripeka und Nico haben uns einen faszinierenden Einblick in die Kombination zweier sehr unterschiedlicher Welten gegeben, die jedoch, da sie in den gleichen Korb gelegt wurden, Zeit hatten, zu reifen, sich zu verflechten und neue und aufregende Konstellationen zu bilden. Das Buch ist anspruchsvoll, zum Nachdenken anregend und authentisch, und ich zweifle nicht daran, dass es viele Diskussionen auslösen wird, wenn die Konzepte studiert und in die Praxis umgesetzt werden.

»He manu iti te rearea i mātakitaki ai ngā tūpuna i te manu nei e kimi kai ana i te ngahere ka kitea pea tana rere. Pēnei ana tana rere, ka topa whakarunga, ā, ka paku heke iho ka topaki, ka tiu whakarunga anō ka paku heke iho anō kātahi ka topaki anō. I te wā i a rātou mā i kite rātou i tēnei manu e whakapau kaha ana kia tau ia ki te kōmata o te rākau, arā, ki te tāpuhipuhi, ki te tāuru o ngā kahikatea. Nā konā i whakaritea tēnei whakataukī hei akiaki i te tangata i runga anō i te huatau »ka taea e te rearea tōna matanā te tutuki, ka taea hoki e te tangata«.

In diesem Sprichwort wird der *Rearea* (Anthornis melanura), ein kleiner Vogel, dessen Verhalten bei der Nahrungssuche von unseren Vorfahren beobachtet wurde beschrieben. Der Rearea flog nach oben, schwebte eine Weile, schwebte manchmal ein wenig nach unten und flog dann wieder nach oben, bis er die Spitze des Kahikatea-Baumes (Weiße Kiefer, Podocarpus dacrydioides) erreichte, der früher 50 Meter und mehr hoch war.

Sobald der Rearea die Baumkrone erreicht hatte, ernährte er sich von den Früchten des Baumes. Dieser *whakataukī* (Sprichwort) wird in der Māori-Kultur verwendet, um sich gegenseitig zu ermutigen. Wenn ein kleiner Vogel seine Energie aufwenden kann, der den Wind und andere verfügbare Ressourcen nutzt, um zu einem Ort aufzusteigen, an dem er dann Nahrung findet, dann können wir sicherlich auch in ähnlicher Weise über unseren Tellerrand hinausschauen und unsere Ziele mit Absicht und Wissen erreichen.

Kane Harnett – Mutu
(Kaitiaki Māori vom Stamm der Ngati Kahu,
aus dem Englischen übersetzt.)

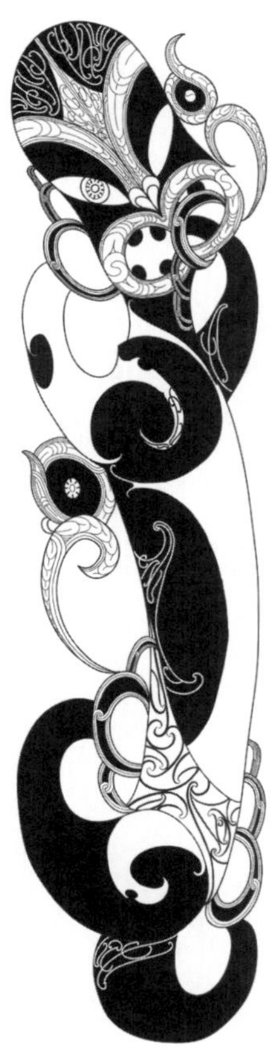

KAPITEL 1

TE KORE – DAS NICHTS

Wie alles begann

Was hat Māori-Kultur mit Organisationsentwicklung zu tun? Auf den ersten Blick wenig bis gar nichts. Bis sich zwei Menschen beim Mittagessen tief im Ruhrgebiet in einem Coworking Space treffen und darüber unterhalten, »was sie so machen« und in welchen Welten sie sich bewegen.

Je mehr Rebecca von ihrem Leben in Neuseeland und ihren Studien über und mit den Māori berichtet, desto interessierter hört Nico zu. Alles, was er da gerade zum ersten Mal über die indigenen Ureinwohner Neuseelands lernt, knüpft nahezu unmittelbar an seine Tätigkeit als Organisationsentwickler und systemischer Coach an. Die vermeintlich »neuen« Konzepte der Zusammenarbeit sind auf einen Schlag gar nicht mehr neu, sondern tausende Jahre alt. Müssen wir, während die Unternehmen, Wirtschaft und Gesellschaft um die große Transformation ringen, wirklich nur über den Ozean oder in den Rückspiegel der Zeit blicken, um zu erkennen, dass das alles schon lange da ist?

Flipchart um Flipchart füllen sich. Auf der einen Seite ein Konzept der Māorikultur, z. B. *kaitiakitanga* (siehe Kapitel 3), auf der anderen Seite »passend« ein Ansatz westlicher Unternehmen wie Corporate Social Responsibility.

Fast mühelos listen Rebecca und Nico Konzepte der Māorikultur auf und finden sehr schnell die

Anknüpfungspunkte an die Arbeit in und an Organisationen. Als bliebe die Zeit stehen, wenn beide wie im Flow, zwei Welten zusammenbringen. Es entsteht ein Gesamtbild, dass sie nicht nur beeindruckt, sondern viel Raum für weitere Beschäftigung mitgibt.

Gemeinsam beschließen Rebecca und Nico, einen Vortrag vorzubereiten, den sie auf Konferenzen halten möchten. Welten rücken zusammen, und eine gemeinsame »Sprache« musste entwickelt werden. Und, wie bei allen »cultural encounters«, stießen auch die beiden auf das Problem ihrer jeweiligen, unterschiedlichen Weltsicht

Während Nico den Anspruch hat, Vorträge mit hohem Unterhaltungsfaktor zu halten, bei denen Vereinfachungen mit einem Augenzwinkern zulässig sind und Lachen nicht nur erlaubt, sondern erwünscht ist, steht für Rebecca der Respekt vor den Māori an erster Stelle. Vereinfachungen sind nur da zulässig, wo nichts und niemand vergessen oder übergangen wird, die wissenschaftliche Korrektheit ist stets zu wahren. Und alles, was präsentiert wird, muss den wachsamen Augen ihrer Māori-Freunde unter den Zuhörern standhalten.

Der Aushandlungsprozess zwischen beiden mit ihren scheinbar diametral entgegengesetzten Prioritäten gelang nicht zuletzt deshalb, weil sie sich immer wieder an den Prinzipien orientieren konnten, an denen sie gerade arbeiten. Insofern ist an dieser Zusammenarbeit schon der Praxistest für ihre Ideen gelungen: Die Orientierung an der Māori-Kultur kann Menschen und Themen auf eine ganz bestimmte Art zusammenbringen. Und das ist zwischen den Autoren entstanden – eine tiefe Verbindung.

Nach diversen Präsentationen und der Bitte nach mehr Informationen stellt dieses Buch nun die nächste Station der gemeinsamen Reise der beiden dar. Teils gemeinsam, teils abwechselnd erarbeiteten sie neue Ideen und verhandelten die Inhalte noch einmal neu. Ein Vor und Zurück. Ein Hin und Her. Immer auf der Suche nach Synergien und Anknüpfungspunkten entstand ein Buch, das durch den Prozess der Entwicklung die Inhalte an sich selbst angewendet hat.

Im ersten Kapitel lädt es sie ein, ihre eigenen Wurzeln zu entdecken. Viele Fragen ergeben sich aus diesem kritischen Blick, warum es wichtig ist, eine gemeinsame Basis mit den Menschen um uns zu haben. *Wakapapa*, das uralte Konzept der Herkunft und des »Stammbaumes«, hält so viele Elemente bereit, die in unserem Alltag schon lange vergessen sind. Denn wir sind »nie allein« und immer das »Produkt« von dem, was vor uns war, und formen aktiv das, was nach uns kommt.

Sind Sie ein Kümmerer oder wollen Sie einer sein? Dann begleiten Sie Rebecca und Nico auf die weitere Reise in die Welt des wahrscheinlich komplexesten Systems des Māori-Kultur, in die Welt von *mana*. Es ist ein reziprokes Wertesystem, das – in seiner fluiden Natur – das Leben des Einzelnen bestimmt. Was wir als »Ruf« oder »Reputation« bezeichnen, bekommt in der Māori-Kultur eine komplexe Tiefe, die beeindruckend ist: die Fremdzuschreibung von Eigenschaften als Maßstab für die eigene Wirksamkeit.

Im dritten Kapitel wird das Wertsysteme um den Aspekt des *kaitiakitanga* und der Idee, dass Fürsorge und Hilfe für etwas und jemanden integraler Bestandteil der Menschlichkeit sein sollte, erweitert. Corporate Social Responsibility ist in der Welt der Māori nichts Neues und eng mit *mana* und der Gestaltung der Gesellschaft verbunden.

Wie definieren Sie eigentlich Familie? Im vierten Kapitel dieses Buches bewegen wir uns auf einer dem Westen sehr vertrauten Ebene. *Whānau*, die Familie, die Großfamilie bis hin zum Tribe und den übergeordneten Instanzen kennen wir in der einen oder anderen abgewandelten Form. Von den Māori können wir lernen, wie echte Zusammengehörigkeit aussehen kann, wie die Übernahme von Aufgaben und deren Bedeutung für die Gemeinschaft ein identitätsstiftendes Element ist und wie Sie selbst hinterfragen können, was Gemeinschaft eigentlich ist und worauf sie beruht. Sie werden erfahren, wie die Elemente von *whakapapa*, *mana* und *kaitiakitanga* zusammengehören und einen »deep dive« in die eigene Kultur im Spiegel der Māori-Kultur erleben.

Kein Buch, das sich mit kulturellen und gesellschaftlichen Aspekten beschäftigt, wäre vollständig, ohne einen Blick auf die Welt der Frau zu werfen. Rebecca und Nico haben den *wāhine* (den Frauen) und *Wāhine Toa* (den starken kämpferischen Frauen) ein eigenes Kapitel gewidmet.

Alte Kulturen müssen keineswegs rückständig sind, sondern halten für Unternehmen Ideen bereit, die Menschen und Organisationen zusammenführen können. Immer mehr Organisationen suchen genau nach diesem »Kitt«, der Mitarbeitende und Führungsteams zusammenbringt, der den Teams neuen Mut gibt und Innovationskraft mobilisieren kann.

Haka als Ausdruck der Kraft und Stärke dient als beispielhafter Fokuspunkt, um zu reflektieren, wie Organisationen und Individuen Rituale nutzen können, um sich auf einen Purpose zu fokussieren, der alle vereint. *Haka*, das uralte kraftvolle Ritual der Māori, soll inspirieren, Ihre eigenen Rituale und Regeln zu überdenken – damit Sie zukünftig vielleicht bessere teamorientiere Entscheidungen treffen können.

Zum Schluss werden Sie Rebecca und Nico einladen zu reflektieren, wie Sie das im Buch Dargestellte in Ihrer Organisation und Ihrem Leben um- bzw. einsetzen können. Der lange Weg und Protestmarsch, der *hīkoi,* der vor Ihnen und auch vor uns als Gesellschaft liegt, soll zugleich Abschluss, aber auch Anfang für etwas Neues sein. Eine neue Perspektive auf menschliches Miteinander, was uns ausmacht und definiert, wie wir kommunizieren und letztendlich, wie wir zusammen die Zukunft gestalten können.

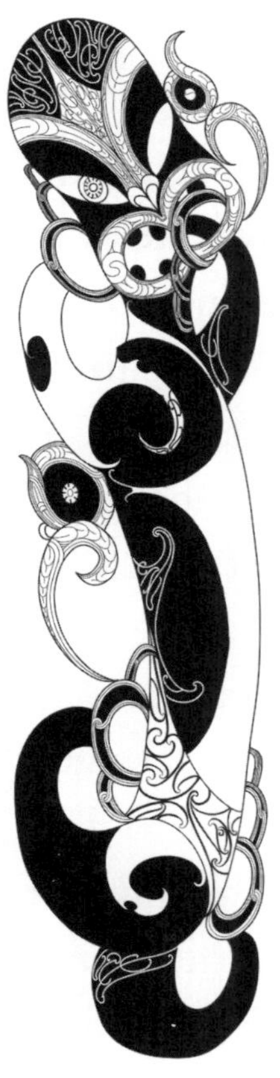

KAPITEL 2

WHAKAPAPA – DAS ARCHIV DEINES LEBENS

Der Zeitstrom in dem alles fließt

Eine Geschichte des Kennenlernens

Als ich zum ersten Mal von *whakapapa* und *pepeha* hörte, war es wie eine schallende Ohrfeige. Diese Art der Vorstellung war vollkommen neu für mich und eröffnete Möglichkeiten, die ich bisher so nie erkannt hatte. Wie stelle ich mich eigentlich vor? Wie viele Chancen hatte ich doch bisher verpasst, von der Begrüßung an Grundlagen zu legen für gehaltvolle Gespräche und tiefere menschliche Verbindungen. Bin ich nicht mehr als das, was ich bisher mit dem ersten Satz gegenüber einer neuen Begegnung von mir preisgeben habe?

Wir kennen alle die typischen Vorstellungsrunden, beispielsweise im Flugzeug mit dem Sitznachbarn: »Guten Morgen, mein Name ist Dr. Anke Müller, und ich bin CEO bei Innovation Technologies.« »Guten Morgen, mein Name ist Nico Korte, ich bin Vice President Global Service bei der SPX Corporation. Wenn Sie das nicht kennen, das ist ein Fortune 500-Unternehmen im Infrastruktursektor.«

Nach dieser Vorstellung kennen Sie die Position und das Unternehmen Ihres Gegenübers, wissen aber nicht, wer der Mensch neben Ihnen ist. Im Nachhinein erscheint mir diese uns gewohnte Form der Vorstellung so oberflächlich und reduziert. Es ist wie ein Pitch: Habe ich es geschafft, mein Gegenüber davon zu überzeugen, wie wichtig ich bin?

Genügt es uns wirklich, den Mensch auf seinen oder ihren Job zu reduzieren? Und wann habe ich eigentlich damit begonnen, genau das zu tun? Denn was hätte mich nicht alles interessieren können: Wie war mein Gegenüber auf ihre großartigen, innovativen Ideen gekommen? Wo hat sie studiert? Was oder wer hat sie inspiriert und zu dem gemacht, was sie heute ist? Ist sie auch im Privatleben kreativ? Hat ihre Familie das alles gefördert?

Nach dem Flug werde ich das Flugzeug verlassen, mit Visistenkarten in der Tasche, aber keiner Vorstellung davon, mit wem ich dort wirklich gesprochen habe. Im Rausgehen höre ich, wie ein Fluggast sagt: »Ich muss los, meine Kinder warten auf mich, denn ich bin allein mit ihnen.« Ein junger Mann neben mir nimmt ein sehr sorgfältig verpacktes Paket vom Band und erzählt, dass er seinem Vater das lang ersehnte Motorradteil besorgt hat. In den 30 Minuten zwischen Ausstieg und Gepäckband habe ich mehr über die Menschen erfahren als während des gesamten Flugs. Ich habe nun Bilder im Kopf und Vorstellungen, wie diese Menschen leben oder was sie beeinflusst. Vorher kannte ich nur ihren Jobtitel.

Das Konzept der Herkunft: Begrüßungen schaffen Anknüpfungspunkte

Als Menschen sind wir soziale Wesen und definieren uns erst durch die Interaktion mit anderen Menschen, Orten und Dingen: *Der Weg ist das Ziel.* Aber wie war der Weg? Oft frage ich mich das, wenn ich Menschen treffe. Welche Erfahrungen haben sie gesammelt? Welche Rahmenbedingungen beeinflussen ihr Verhalten? Und oft trifft man Menschen, die ähnliche Biografien haben wie man selbst. Wie durch ein unsichtbares Band verknüpfen uns genau diese Dinge miteinander und nähren den Boden, auf dem ehrliche und offene Kommunikation möglich ist.

Wenn sich Menschen zum ersten Mal treffen, geht es grundsätzlich darum festzustellen, ob uns Freund oder Feind gegenübersteht. In den Zeiten der Kriege, Fehden und Clans war es wichtig zu wissen, wer vor einem stand. Und dies auch möglichst schnell. Dafür haben Menschen unterschiedlichster Kulturen unterschiedliche Hilfsmittel entwickelt. Bestimmte

Farben, Muster oder Kleidungsstile zeigen beispielsweise die Zugehörigkeit zu einer bestimmten Gruppe an und lassen damit auch eine geografische Verortung und Identifikation zu. Berufe, Stände und sozialer Rang lassen sich bis weit ins Mittelalter klar an der Kleidung der Menschen ablesen.

Aber diese Marker der Verortungen verschwammen mit zunehmender Mobilität und dem Zerfall von Clanstrukturen, Ständeauflösung und gleichzeitiger Zunahme des Wohlstands. Wenn Menschen heute Tracht tragen, dann zeigen sie eine Anpassungsfähigkeit an ihre Umgebung oder gehen mit der Mode, wir wissen aber nicht, wo ihre Herkunft ist. Verbindungen zu ihren Familien oder prägenden Orten ihres Lebens sind unsichtbar. Eine Uniformität hat Einzug gehalten, die es immer schwieriger macht, mein Gegenüber zu lesen und zu verorten.

Die Māori haben ein Konzept, das sich *whakapapa* nennt und zu den definierenden Markern ihrer Kultur gehört. Es geht um die Herkunft, also den Stammbaum, die Herkunft des Tribes und des einzelnen Menschen und darum, Anknüpfungspunkte zu schaffen. Wenn sich Māori zum ersten Mal treffen, dann wird sich in einer ganz speziellen Art und Weise vorgestellt, nämlich mit dem sogenannten *pepeha,* dem Auszug des *whakapapa*: Man steht auf, erzählt den Anwesenden ein Stück seiner Lebensgeschichte und seines Stammbaumes mit dem Ziel, Anknüpfungspunkte mit dem Gegenüber zu finden. Hierbei gibt es genau festgelegte Reihenfolgen, die zum Teil auch spirituell begründet sind.

Man beginnt mit den geografischen Landmarken der eigenen Herkunft, wie z. B. dem Berg der Region, mit dem man »verbunden« ist. Denn diese Landmarken waren schon lange vor den Menschen da und bilden damit den Grundstein von allem, was ist. Dann wendet man sich dem Wasser zu, also dem Fluss oder Meer und den Seen, mit dem man verbunden ist und damit dann dem Weg, auf dem man Neuseeland erreicht hat. Die verschiedenen Māori-Gruppen sind alle mit unterschiedlichen Kanus in *Aotearoa*, dem heutigen Neuseeland, gelandet, und diese sind benannt und bekannt. Somit ist das Wasser als solches ein wichtiges Element und ein Bezugsmarker. Aus dem Kanu ergibt sich der Tribe (*iwi*), dem man angehört. Und im Folgenden bricht man das Familienkonstrukt weiter in kleinere Einheiten hin zum Subtribe (*hapū*) und zur Familie (*whānau*), um dann bei den Großeltern und Eltern und direkten Vorfahren anzukommen. Dies ergibt dann die Verbindung zu den *Marae* (das Versammlungshaus), zu dem man gehört. Dann spricht man über seine Kinder, wo man heute sein zu Hause hat oder wo man zur Schule gegangen ist oder gelebt hat und vieles mehr.

Die Informationen werden, je nach Setting, mit der Absicht gewählt, den anderen Menschen möglichst schnell Anknüpfungspunkte zu ihrer eigenen Biografie geben zu können. Erst am Ende des *pepeha* stellt man seinen Namen vor und begrüßt noch einmal alle Anwesenden und die Vorfahren.

Die Reihenfolge des *pepeha* ist für Māori wichtig, denn sie spiegelt den Lebenszyklus wider – den Zyklus des Wassers. Das Māori-Wort für Berg lautet *maunga,* worin sich das Wort *mau* verbirgt, welches so viel wie »auffangen« bedeutet. Der Berg fängt den Schnee und das Wasser auf, woraus sich letztendlich die Flüsse, Seen und Meer speisen. Dieses Wasser bringt das Leben für die Menschen mit sich und ernährt sie. Das Wasser verdunstet, wird wieder zu einer Wolke, und der Kreislauf beginnt von Neuem. Das *pepeha* ist somit für die Māori eine Art Code, denn Māori betrachten sich als Teil der natürlichen Welt und sind somit auch Teil des Wasserkreislaufes; und wir Menschen bestehen ja auch zu einem Großteil aus Wasser.

Aus dieser intensiven und informationsreichen Vorstellung ergibt sich schnell die Möglichkeit, den anderen besser kennenzulernen. Man teilt vielleicht die gleichen historischen Ereignisse oder ist in der gleichen Nachbarschaft aufgewachsen. Manchmal findet man heraus, dass man die gleiche Verwandtschaft hat (was in Neuseeland sehr oft der Fall ist, denn angeblich sind alle über vier Ecken miteinander verwandt). Aber man lernt auch etwas über den familiären Hintergrund der Person. Insbesondere die Vorfahren spielen eine wichtige Rolle. Sie bilden die Anknüpfungspunkte über Generationen hinweg.

In manchen rituellen Handlungen wird der Stammbaum bis hin zum ersten Kanu und den Göttern und Halbgöttern dargestellt. Māori sind stolz auf diese Linien, auf ihre Geschichte und Verwandtschaften. Es sind die Beziehungen zu Menschen und Orten, die dem Einzelnen eine feste Basis geben und bestimmen, welchen Weg man geht. Man sieht sich als einen kleinen Punkt in einer langen Reihe seiner Vorfahren und Nachfahren. Alle hinterlassen ihre Spuren.

Man kann sich nie isoliert von den Menschen sehen, die vor einem waren, und die einen im Hier und Jetzt begleiten – und genau so wenig insoliert von denen, die nach einem kommen. Es ist wie ein Kontinuum, das die Zeit überdauert, niemand und nichts wird vergessen. Alles hat seinen Purpose. Ein weiser Māori-Älterer sagte einmal zu mir: »Du wirst nie allein gehen. Deine Vorfahren sind immer bei dir, und du selbst gestaltest die Zukunft für deinen Stamm, deinen *hapū* und deine *whānau*. *Whakapapa* ist der Schlüssel zu allem, wie wir interagieren, wie wir uns verbinden. Es erklärt, wie wir Beziehungen aufbauen und eine gemeinsame

Basis finden. Es ist die Essenz aller Wesen. Ohne zu wissen, woher man kommt, kann man nicht wissen, wohin man gehen und was man ändern soll.«

Also worum geht es nun bei *pepeha* und *whakapapa*? Nicht darum, das *pepeha* als eine Art Ausfüllkarte oder Liste zum Abhaken zu verstehen und auf sich zu übertragen. Dieses wäre auch eine Beleidigung der Māori-Kultur. In einem eurozentrischen Weltbild und in der westlichen Kultur haben wir nicht mehr diese Verbindungen zu Landmarken und Stämmen. Aber auch wir haben Dinge, mit denen wir Anknüpfungspunkte schaffen können. Dazu bedarf es natürlich einer Anpassung des Konzepts *pepeha*. Die Frage, die wir uns stellen müssen, ist: Wie schaffe ich Anknüpfungspunkte? Was spiegelt mich wider? Wer bin ich eigentlich?

Whakapapa und was wir daraus lernen können

Whakapapa ist der natürliche Verbindungspunkt zwischen Menschen, Menschen und Orten sowie

Menschen und Zeit. *Whakapapa* kann aber auch eine Verbindung zwischen Menschen und Unternehmen und zwischen Unternehmen untereinander symbolisieren. Ja, auch Unternehmen haben ihr *whakapapa*, ihre Herkunft und ihre Geschichte. Wenn das, was wir Unternehmenskultur nennen, das »Gedächtnis« einer Organisation ist, dann kann das *whakapapa* in einfacher Form das Māori-Pendant dazu sein.

Da, wo wir in unserer Arbeitswelt versuchen, eine positiven Unternehmenskultur zu schaffen, wo wir auf der Suche nach dem Verbindenden, dem Purpose sind, um den sich alle versammeln sollen, da schaffen die Māori über den Austausch ihres *pepeha* Anknüpfungspunkte, von denen aus sich Beziehungen entwickeln können. So entstehen Gebilde, in denen sich die Geschichten von Menschen und Unternehmen zu verbinden beginnen.

Das Wesentliche an Organisationen ist die Kommunikation, die in ihnen stattfindet. Nur durch Interaktionen ist es den Mitgliedern möglich, miteinander zu arbeiten, gemeinsame Ziele zu verfolgen und überhaupt erst Wertschöpfung zu betreiben. Wenn wir uns bei der Beobachtung von Organisationen ein Stück weit von den einzelnen Mitgliedern abwenden und uns auf genau diese Interaktionen konzentrieren, hilft uns das, Verhaltensmuster zu erkennen, ohne sie dem Menschen als Personen zuordnen zu müssen. So lassen sich, ohne den Menschen die »Schuld« zu geben, Erkenntnisse über die Funktionsweise der Organisation gewinnen. Auf einmal ist nicht mehr der »Müller« oder »Meier« schuld an Missständen, sondern wir erkennen ein Muster, die immer wiederkehren und die in der Struktur einer Organisation begründet sind. In der Praxis stößt jedoch genau diese Betrachtungsweise immer wieder auf heftigen Widerstand. »Bei uns sind die Menschen das »Wichtigste«, »diese Betrachtung ist unmenschlich«, »gerade erst haben wir gelernt, die Mitarbeitenden als wichtigsten Schatz anzuerkennen«. Gerade weil die Mitarbeitenden so wichtig sind, sollten wir ihre Persönlichkeit aus der Betrachtung lösen und ihr Verhalten als Folge der Rahmenbedingungen begreifen. Erst dann können wir erkennen, warum sie sich in bestimmten Situationen verhalten, wie sie sich verhalten.

Dies eröffnet die Möglichkeit, über Veränderung der Umstände auch das Verhalten zu beeinflussen. Ansonsten bleibt es beim »der Meier ist schuld«.

Ein Schlüssel dazu ist die Arbeit an der Qualität der Kommunikation, denn die ist der Kern von allem. Es geht darum, wie wir miteinander kommunizieren, in welchen Strukturen wir uns umeinander kümmern, aber auch um ein gemeinsames, übergeordnetes Ziel. Wo, wenn nicht beim Beginn jeder Kommunikation, nämlich bei der ersten Begrüßung, könnte man da besser ansetzen. Und dazu muss man sich einiger Dinge klar sein, z. B.: Welche Seiten von mir möchte ich dem anderen überhaupt präsentieren?

Pepeha und Leadership

Pepeha und *whakapapa* kann Führungskräften bei der Reflexion helfen, indem es die Frage stellt: »Wer bin ich, wo komme ich her?« Die Beschäftigung mit und die Erkenntnisse aus den Anknüpfungspunkten des eigenen Lebens kann eine Tür zu mehr Demut öffnen, eine der am meisten unterschätzten

Charaktereigenschaften großartiger Führungspersönlichkeiten.

In der praktischen Anwendung kann der Austausch des *pepeha* mit »unsichtbarer Hand« zum Beispiel Vorstellungsgespräche, Präsentationen und Mitarbeitergespräche neu gestalten und steuern, indem Anknüpfungspunkte sichtbar und Beziehungen möglich werden. Dabei können wir lernen, dass es etwas viel natürlicheres und wirkmächtigeres als Mitarbeiterbindung gibt – und das ist die »Mitarbeiter-VER-bindung«.

Werkzeugkasten *Whakapapa*

Das wichtigste Werkzeug, was wir haben, sind Fragen. Fragen, die man sich zunächst selbst stellen kann, um in Reflexion zu gehen, aber dann auch mit seinem Team teilen sollte. Einige davon, die wir in unserer täglichen Arbeit nutzen und als sehr hilfreich erachten, möchten wir exemplarisch aufführen:

- Woher komme ich?
- Welche Vorfahren haben mich wie beeinflusst?

- Welche Vorbilder habe ich unter meinen Vorfahren?
- Welche Karrierestationen haben die meisten Spuren in mir hinterlassen?
- Was in meiner Vergangenheit löst die stärksten Gefühle in mir aus?
- Warum glaube ich überhaupt, was ich glaube?
- Wer hat mich in meinem Leben maßgeblich beeinflusst? Was habe ich von diesem Menschen übernommen? Wie kritisch war ich mit dem Übernommenen?
- Wie hat das bis heute Einfluss auf meine Entscheidungen?
- Wie viel »Ich« steckt in meinen Ratschlägen, meinen Antworten und meinen Gesprächen?
- Was sind meine Glaubenssätze und warum?
- Was ist mein Lieblings-Sinnspruch? Was steckt an Positivem, aber auch an Negativem darin?
- Differenziere ich bei meiner Meinungsbildung klar genug zwischen »Wissen« und »Glauben«?
- Was möchte ich den Menschen nach mir weitergeben und hinterlassen?
- Welche Gefühle sollen Menschen haben, die sich an mich erinnern?
- Wohin gehe ich?

Hier ist unser *whakapapa*. Was ist Ihres, und wann beginnen Sie, es zu benutzen?

Rebecca

Tēnā koutou katoa.
Ko Ruhr te awa.
Ko Tiamana te iwi.
Ko Essen ahau e noho ana.
Ko Te Herenga Waka te marae.
Ko Jürgen rāua ko Jutta ōku mātua.
Ko Otis Apirana rāua ko Lotta Hineteāio āku tamariki.
Ko Rebecca Burke tōku ingoa.
Tēnā koutou, tēnā koutou, tēnā koutou katoa.

Nicolas

Ich grüße Euch alle.

Ich bin an der Wupper geboren. Deutschland ist mein Stamm.

Essen nenne ich meine Heimat.

Karl-Heinz und Helma sind meine Eltern.

Beate ist meine Frau.

Fabian, Franziska und Max sind meine Kinder.

Hannah und Merle meine Enkelinnen.

Mein Name ist Nicolas Korte.

Ich grüße Euch alle.

Ich grüße Euch alle mit all meiner Wertschätzung.

ERKENNTNIS

Du bist mehr als dein Jobtitel!

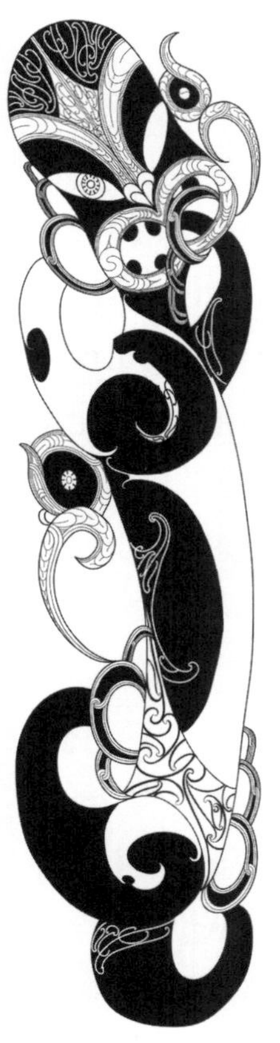

KAPITEL 3

MANA – SAMMELGEFÄSS DEINER BEDEUTSAMKEIT

Unser Begleiter vom Anfang bis zum Ende

Eine Geschichte vom Ich

Es ist Freitagmorgen und im *Marae*, dem Versammlungsort der Māori, herrscht reges Treiben. Gäste haben sich angekündigt, und seit zwei Tagen laufen die Vorbereitungen. Die Studierenden haben gekocht, geputzt und alles herausgeputzt. Alles ist bereit für den großen Besuch. Die Frage war nur noch, wer die wichtige Rolle des »Herausforderers« bei der Begrüßungszeremonie übernehmen würde. Alle Studierenden hatten geübt, und einige hofften, diese wichtige Aufgabe übernehmen zu können, während andere hofften, nicht im Mittelpunkt zu stehen. Aber es lag nicht in der Hand des Einzelnen.

Es war die *kuia* (alte weise Frau), die entschieden hatte, wem welche Rolle zugeteilt werden sollte. Dabei achtete sie immer darauf, diejenigen auszuwählen, die das »*mana* der Universität« tragen konnten. Das waren nicht immer die lauten und sichtbaren Studenten, sondern es wurde explizit immer der Beste für die verschiedenen Aufgaben gesucht – meistens unabhängig von Status und Erfahrung. Die Gruppe der Studierenden wurde immer wieder neu aufgeteilt, und alle zusammen gestalteten diese Zeremonie. Der Einzelne konnte mit der ihm übertragenen Aufgabe über sich hinauswachsen und alle hofften, das *mana*, den Status der Institution, zu erhöhen. Aber auch jede Familie selbst betrachtete die Rolle des Einzelnen und gewährte ihm mehr oder weniger *mana*. Stolze Eltern und Studierende, Gäste, die sich durch die wertschätzende Vorbereitung geehrt fühlten und Jugendliche, die über sich hinauswuchsen. Hier konnte man *mana* im Prozess erleben.

Das Konzept von Ehre und Respekt

Einer der wohl schwierigsten und komplexesten Aspekte der Māori-Kultur ist das Konzept von *mana*. Ganze Bücher sind darüber geschrieben worden. Experten beschäftigen sich intensiv und immer wieder aufs Neue mit den Fragestellungen rund um *mana*. Daher hatte ich großen Respekt vor diesem Kapitel. Wie kann man jemanden, der außerhalb dieser Kultur aufgewachsen ist, dieses System, das alles durchdringt, nahebringen, ohne sich dabei in zu vielen Details zu verlieren, die leicht überfordern könnten, aber gleichzeitig nicht zu wenig erklären, damit man die alldurchdringende Wichtigkeit verstehen kann. Also was ist *mana* genau? Befragt man das Māori Dictionary, so wird man mit einer schieren Menge an Definitionen vom Wort selbst und der verschiedenen Kontexte konfrontiert.[2]

mana (Nomen): Prestige, Autorität, Kontrolle, Kraft, Bestimmung, spirituelle Kraft
mana ist eine übernatürliche Kraft, die allen Personen, Objekten und Plätzen eigen ist.[3]

Allein dieser kurze Auszug macht deutlich, welche Kraft dieses Wort hat und welche wichtigen Bedeutungen ihm zugeordnet werden. Wenn Sie mich fragen, was *mana* ist, würde ich die folgende Antwort geben:

- *Mana* ist allen Wesen und Dingen eigen.
- Es ist eine Kraft, die jeder in sich trägt und die fluide ist.
- *Mana* sagt etwas über den (sozialen) Status von jemandem aus.
- Auch Dinge haben *mana* und müssen daher mit Respekt behandelt werden.
- Es ist ein fluides Konzept von Status, Respekt und Ehre.
- Es ist eine Lebensessenz.

In der Māori-Gesellschaft bestimmt das *mana* den Status des Einzelnen. Gleichzeitig kann das *mana* der Gruppe auch das *mana* des Einzelnen bestimmen und umgekehrt. In der gelebten Realität bedeutet dies, dass Menschen, die etwas für den Tribe und die Gemeinschaft tun, oft ein hohes *mana* und Ansehen haben. Dieses wird ihnen aber von der Umwelt, also den anderen, zugeschreiben und nicht durch sie selbst. Reichtum hat beispielsweise keinen Einfluss auf das *mana*.

Es gibt Familien, die historisch gesehen ein hohes *mana* besitzen, weil viele Familienmitglieder hohe soziale Stellungen hatten und »viel Gutes getan haben«. Es wird stets darauf geachtet, dass das *mana* erhalten bleibt, da die Taten des Einzelnen auf das *mana* der Familie einzahlen. Deshalb steht man immer unter den wachsamen Augen der Alten und weisen Stammesmitglieder. Kinder und Jugendliche werden aufgezogen und erzogen in dem Gedanken, dass auch sie Großes und Gutes tun sollen. Durch die Namensgebung, die Weitergabe von Wissen und eine starke Bindung an die Familie werden die Wurzeln für einen ehrenhaften Weg gelegt. Auch eine ganz einfache und arme Familie kann ein hohes *mana* haben, denn es ist nicht der Status der Familie, der entschiedet. Es zählen nur die Taten, die guten und auch schlechten Taten des Einzelnen.

Mana kann man steigern, aber auch wieder verlieren, z. B. durch eine Straftat. So gab es zum Beispiel einen Fall, in dem ein Stammesältester Gelder des Tribe veruntreut hat, in dessen Folge er nicht nur sein Amt, sondern sein gesamtes Ansehen verloren hatte. Trotz allem bekleiden seine Kinder in der Community immer noch wichtige Ämter, wenngleich das *mana* der Familie angeschlagen ist.

Schon im Kleinen, beispielsweise der Familie, kann man sehr leicht erkennen, wie das Konzept von *mana* funktioniert. Einem Menschen wird eine Aufgabe übertragen oder er hat sie sich selbst ausgesucht. Er unterstützt z. B. seine Großfamilie, indem er sich um die Kinder anderer Eltern kümmert. Dadurch tut er etwas Gutes für die *whānau*, die Familie, *hapū,* den Subtribe, und den Tribe, die übergeordnete Gruppe. Er gibt sein Wissen weiter, erzieht und sorgt somit für das Überleben und Wohlergehen der Gemeinschaft. Für den jungen Menschen mag es selbstverständlich sein und auch für die enge

Familie, denn es ist etwas, das man in Familien einfach macht. Aber andere mögen diesen Einsatz als hoch bewerten. Er steigt im Ansehen der anderen, und damit steigt auch das Ansehen der Familie.

Ein Satz, der mir in Neuseeland immer wieder begegnet ist, war, dass es immer nur darum geht, wer ein Problem löst. Status ist fluide und passt sich an. Ziel ist es, stets den Besten für den Job bzw. die Aufgabe zu finden. Diese innere Haltung erklärt auch, warum die Neuseeländer sich so voller Eifer für soziale Zwecke einsetzen. Jeder kann etwas für die Gemeinschaft tun. Jeder wird von der Umwelt für die Taten, die er vollbringt, bewertet, denn es sind immer nur die Taten, die zählen. *Mana,* also der Status, wächst mit der Übernahme von Aufgaben und insbesondere solcher für die Gemeinschaft. Wer also *kaitiakitanga,* das Kümmern (siehe das nächste Kapitel), anwendet, steigert automatisch sein *mana.* und gesellschaftlichen Status.

Ein schönes Beispiel für *mana* ist für mich Tama Iti (Tāme Wairere Iti , Ngāi Tūhoe). Geboren in den tiefen Wäldern in Zentral-Neuseeland gehört er im Land wohl zu einer der umstrittensten Persönlichkeiten. Er setzt sich für Māori-Rechte ein, wurde des Terrorismus beschuldigt und ist heute als Künstler tätig. Er saß viele Male im Gefängnis, ist aber gleichzeitig auch angesehener Talkshow-Gast. Viele Māori sagen, dass Tama Iti ein hohes *mana* hat, denn er setzt sich für indigene Rechte ein und schreckt vor nichts zurück. Andere meinen, er sei zu radikal und würde dem Ansehen der Māori schaden, und somit hätte er auch wenig *mana*, denn mit Terroristen assoziiert man sich nicht. Für mich ist er eine der schillerndsten Personen in der neueren neuseeländischen Geschichte. Seine Person subsumiert die Komplexität der neuseeländischen Gesellschaft.[4] Es gibt nicht nur schwarz oder weiß, sondern viele komplexe Situation, die immer wieder neu bewertet werden müssen. *Mana* ist so fluide wie die Gesellschaft selbst.

Meine erste Begegnung mit *Mana*

Als Rebecca das Konzept des *mana* vor mir ausbreitete, schoss mir spontan eine Begebenheit aus meinem Berufsleben durch den Kopf. Ich war nach dem Studium drei Jahre in meinem ersten Job, als der Geschäftsführer des Unternehmens gekündigt wurde. Dieser erfahrene, weise Mann, dem ich mit an Ehrfurcht grenzendem Respekt begegnet war, wurde einfach rausgeschmissen. Was für ein Schock. Als er meine Verwirrung bemerkte, entgegnete mein um einige Jahre älterer Kollege Peter trocken: »Um den musst du dir keine Sorgen machen – einmal Geschäftsführer, immer Geschäftsführer«.

An dem Punkt wurde ich das erste Mal damit konfrontiert, was »Ruf«, »Reputation« und »Ansehen« in unseren professionellen Umfeldern bedeuten. Wenn ich einmal etwas erreicht hatte, würde das meinen weiteren Karrierepfad determinieren. Wenn ich die Leiter hochsteige, gibt es stets ein Sicherheitsnetz. Ich könnte zwar in einem Unternehmen eine Position verlieren, würde im nächsten aber mindestens auf der gleichen Stufe anfangen. Das, was maßgeblich meinen weiteren Weg bestimmt, ist mehr ein Titel oder eine Position als eine zeitnahe Aufnahme meines Könnens oder gar meiner Haltung.

Umso faszinierender ist die Vorstellung von *mana*, eines Konzeptes von Reputation, das nicht nur alle Aspekte jeglichen Handelns abbildet, sondern auch in alle Richtungen fluid ist. Ständig in Bewegung wird den Menschen ihr *mana* beigemessen, ihre »Lebensessenz«. Ohne zu verstehen, wie *mana* genau funktioniert, war mir unmittelbar klar, um wie viel tiefer, vielschichtiger und komplexer dieses »Beurteilungssystem« ist. Es wird viel mehr dem Menschen gerecht, führt zwangsläufig zu anderen Entscheidungsprämissen und besseren Entscheidungen.

Von einem Unternehmensleiter wird eben nicht nur erwartet, wirtschaftlich gute Entscheidungen zu treffen, sondern es zahlt genauso seine Haltung beispielsweise zur Nachhaltigkeit, Gleichberechtigung oder der Umgang mit Kunden und Mitarbeitenden auf sein persönliches *mana* ein. Für mich ist *mana* ein echter Game Changer, wenn ich auf die Unternehmen und Gesellschaft blicke.

Blickt man beispielsweise auf die Regierungszeit der ehemaligen Premierministern Jacinda Ardern von 2017 bis 2023, stellt man schnell fest, dass ihre

Entscheidungen und Initiativen nur schwer in unser Bild von Politik zu passen scheinen. Stets angetrieben von starken inneren Werten, hat sie in ihrer Amtszeit stets für Wahrheiten gekämpft, nicht für Mehrheiten. Sie hat Gefühle gezeigt, war authentisch und zeigte häufig Ecken und Kanten. In der Sprache der Māori: Sie hat stets das getan, was ihr *mana* wachsen ließ. Das wird an keiner Stelle deutlicher als in den Abschlusszeilen ihrer letzten Rede vom 05.04.2023:

> »Ich kann nicht bestimmen, was die Bewertung meiner Zeit in diesem Amt am meisten definieren wird. Ich hoffe aber, dass ich noch etwas sehr eindrücklich bewiesen habe. Dass man ängstlich, sensibel, freundlich und sein Herz auf der Zunge tragen kann. Dass man eine Mutter oder ohne Kinder sein kann, eine ehemalige Mormonin oder nicht, ein Nerd, eine Heulsuse, eine Umarmerin – man kann alles davon sein, und nicht nur dieses Amt innehaben – man kann auch führen, so wie ich. Ich danke euch allen, danke euch allen, danke euch allen, wirklich allen.«[5]

Ihren Rücktritt am 25.01.2023 erklärte Jacinda Ardern damit, dass sie nicht mehr die notwendige Kraft hat, das Land weiterzuführen. Sie fühlte sich ausgebrannt nach einer Amtszeit, die geprägt war von Krisen wie einem großen Erdbeben, der Terrorattacke in Christchurch und der Corona-Pandemie. Überraschend für viele kam sie zu der Auffassung, dass jemand anderes das Land besser führen kann als sie.

Skandal? Fehlanzeige, Unverständnis? Fehlanzeige, Reputationsverlust? Fehlanzeige! Auch das ist im Konzept *mana* begründet. *Mana* bedeutet, dass stets der Beste für eine Aufgabe gesucht wird. Wer ist derjenige, der dieses Problem am ehesten lösen kann? Unabhängig von Titel und Hierarchie steht die Erledigung im Mittelpunkt.

Und so kann *mana* auch eine Antwort auf eine Welt sein, die wir als immer komplexer wahrnehmen. An den Stellen, an denen wir mit immer neuen Herausforderungen konfrontiert werden, an denen wir weder auf Erfahrungen noch auf vorhandenes Wissen zurückgreifen können, sagt uns *mana*, dass nicht das Handeln nach Patentrezepten zur Lösung führt, sondern dass wir nach dem Könner Ausschau halten müssen, dem wir die Lösung zutrauen.

Jacinda Ardern führt uns mit ihrem Rücktritt über die Brücke von *mana* zu Leadership. Bei der Übertragung von Verantwortung steigt nur nicht das *mana* derer, die Verantwortung übernehmen, sondern auch von denen, die Verantwortung abgeben und damit signalisieren, dass ein anderer geeigneter als ich. Was für einen Kontrast bilden dazu hierarchische Systeme, in denen die Themen »Verantwortung« und »Entscheidungsgewalt« oft zu Verteilungskämpfen führen, in denen es Gewinner und Verlierer gibt.

Dabei könnte es so einfach sein: Wo die Übergabe von Verantwortung beide Seiten zu *Mana*-Gewinnern erklärt, wird nicht nur besser entschieden, sondern auch ein höheres Maß an Zufriedenheit erreicht. Delegieren, abgeben, fördern als höchste Fähigkeiten der Führung.

Die Zuschreibung von Fähigkeiten, Integrität und Werten durch andere, die sich aus unserem Handeln ergeben, sind ein sinnvoller und sinnstiftender Maßstab für die Bewertung unserer Person – jedenfalls mehr als ein Titel oder eine Position, die auf der Visitenkarte steht. Ihr Handel beeinflusst, wie andere Sie sehen. Fragen, die Sie sich stellen können, um mehr über Ihr *mana* zu erfahren:

- Wann haben Sie das letzte Mal jemanden gefragt, wie er Sie sieht?
- Wie selbstkritisch sind Sie mit der Antwort umgegangen?
- Könnten Sie von heute auf morgen auf den Titel auf Ihrer Visitenkarte verzichten?
- Wann haben Sie das letzte Mal auf Ihr *mana*-Konto eingezahlt und wann abgehoben?
- Sehen Sie das Abgeben von Verantwortung als Stärke oder Schwäche?
- Welche Taten lassen das Ansehen anderer bei Ihnen steigen und was hindert Sie daran, das Gleiche zu tun?
- Was belastet regelmäßig Ihr *mana* und was könnte Ihnen dabei helfen, es abzustellen?

ERKENNTNIS

Welche Fähigkeiten
uns andere zuschreiben,
ist wichtiger als
unsere Position.

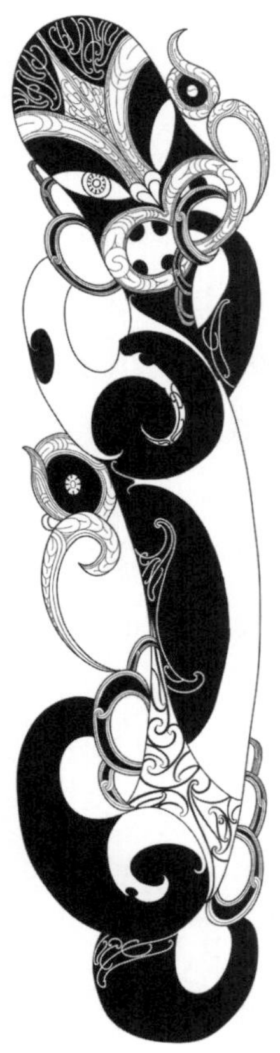

KAPITEL 4

KAITIAKITANGA – DEIN BESCHÜTZERGEN

Was die Welt zusammenhält

Eine Geschichte vom Anfang der Welt

Alle Kulturen haben ihre Schöpfungsmythen, und viele von ihnen ähneln sich. Bei den Māori basiert ein Teil der Schöpfungsgeschichte auf *Tāne Mahuta*, dem Gott des Waldes und der Vögel. Wie in vielen

Schöpfungsmythen beginnt auch bei den Māori alles mit dem Nichts (*te kore*), das sich zur Dunkelheit (*te pō*) entwickelt. In dieser Dunkelheit lagen *Papatūānuku*, die Erdmutter, und *Ranagi-nui*, der Himmelsvater, eng umschlungen. Sie waren das erste Liebespaar im Kosmos und hielten sich fest aneinander, ohne Grenzen, in der Dunkelheit und im Nichts. Aus ihrer Liebe entsprangen ihre Kinder, gefangen im Dunkel, im Zwischenraum zwischen Vater und Mutter. Als es dort für die Kinder immer enger wurde, beschlossen sie, etwas zu unternehmen. Es wurde viel diskutiert und gestritten. Schließlich machte der starke Tāne-mahuta einen Vorschlag, dem die meisten Geschwister zustimmten. Er legte sich mit dem Rücken auf die Mutter und drückte seine Beine und Füße gegen den Vater. Mit seiner ganzen Kraft drückte er Rangi-nui, seinen Vater, von der Mutter weg nach oben. Er trennte die beiden Liebenden physisch. Neue Räume entstanden. Eine neue Welt wurde geboren, und Licht durchflutete den neu geschaffenen Raum (*te āo*). *Tāne* bemerkte, dass seine Eltern völlig nackt waren, und so gab er *Papatūānuku*, der Erdmutter, ein buntes Kleid, und *Rangi-nui*, dem Himmelsvater, einen blauen Sternenmantel. Die vielen Brüder und Schwestern, die zuvor in Enge gefangen waren, entflohen in die neu geschaffene Welt (*te āo Māori*), und jeder besetzte bestimmte Bereiche des Lebens. Alle wurden zu verschiedenen Göttern, die verschiedene Bereiche der Welt einnahmen. Bis heute sind diese Götter für die Māori überall greifbar und bilden die Urkraft der Natur.

Tāwhirimātea wurde zum Gott des Windes und der Stürme. *Tangaroa* zum Gott des Meeres und von allem, was darin lebt. *Tāne-mahuta* wurde Gott des Waldes und der Vögel, *Rongo* der Gott des Friedens, der Nahrung und des Essens. *Haumia-tiketike* wurde Gott der wilden Früchte der Erde wie Farnwurzeln und *Rūamoko*, das ungeborene Kind im Leib von *Papatūānuku*, der Mutter Erde, wurde zum Gott der Erdbeben und Vulkane. *Tūmatauenga* stellt bis heute die mächtige Gottheit des Krieges und aller Kriegskünste dar. So entstand eine komplexe, göttlich verwobene Welt, die im Alltag immer wieder sichtbar wird.

Der mächtige *Tāne-mahuta* zum Beispiel schiebt den Himmel immer weiter in die Höhe, denn seine

Beine sind die großen Kauri-Bäume Neuseelands, die bis in den Himmel reichen. Der größte Kauri-Baum auf der Nordinsel Neuseelands heißt deshalb auch Tāne Mahuta. Oft streiten sich die göttlichen Kinder, und vor allem *Tāwhirimātea*, der Gott des Windes, macht es allen besonders schwer. Er wollte nie, dass die Eltern getrennt werden. Und so brausen die wütenden Winde durch den Wald von *Tāne* und peitschen das Meer von *Tangaroa* auf. Jeder kann sehen und fühlen, wie sich die Brüder wilde Schlachten liefern.

In dieser neuen und lichtdurchfluteten Welt, die durch Trennung entstanden ist, können sich Mutter Erde und Vater Himmel nicht mehr umarmen. Vor lauter Kummer hat sich Göttervater *Rangi-nui* von seiner Frau abgewandt. Wenn er weint, fallen seine Tränen auf seine Geliebte und bilden Seen, Flüsse und das Meer. In manchen Nächten bilden sich kleine Tautropfen und Nebel, die als Zeichen der Liebe gedeutet werden, wenn sie wieder in den Himmel aufsteigen. An dieser Stelle sei kurz auf den Begriff *whakapapa* (siehe Kapitel 2) und die Bedeutung des Wassers als Lebensspender verwiesen. Wasser spielt im Schöpfungsmythos der Māori eine wichtige Rolle, da es die Verbindung zwischen Himmel und Erde darstellt. Die Menschen, die im Raum dazwischen leben, kommen so immer wieder mit den verschiedensten göttlichen Elementen in Berührung.

Auf der Suche nach dem Purpose

Der Māori-Begriff und das Konzept von *kaitiakitanga* gründen genau in dieser – allgegenwärtigen – Schöpfungsgeschichte. *Kaitiakitanga* meint, sich um etwas kümmern. Das einfache Wort *tikai*, das sich in *kaitiakitanga* verbirgt, bedeutet to guard, also beschützen. Je nach Kontext kann es auch bewahren, beschützen, heranziehen oder sich kümmern bedeuten. In *kaitiakitanga* geht es also darum, etwas zu beschützen und zu behüten. Und die Schöpfung und Welt zu schützen, ist doch ein schöner Gedanke.

Wenn es also in der Kultur der Māori ein ganzes kulturelles Konzept für das Beschützen und Sorgen gibt, so wird dadurch noch mehr unterstrichen, dass die Māori sich immer im Einklang mit der Welt, in der sie leben, sehen; eine enge, untrennbare Verantwortung. Das Prinzip von *kaitiakitanga* versinnbildlicht die Verantwortung und den Schutz gegenüber Dingen und Orten. Dieses uralte Prinzip verbindet Menschen mit Orten sowie der spirituellen Welt. Es ist ein Prinzip der Hilfe für die »Schwachen«. Wer oder was schwächer ist und Hilfe und Schutz bedürfen, ist dabei immer unterschiedlich. Das können Menschen sein, aber auch die Natur oder Organisationen, Orte, Gruppen. Wo immer ein Ungleichgewicht irgendeiner Art besteht, sollte *kaitiakitanga* angewendet werden, um wieder ins Gleichgewicht zu kommen.

Das Konzept von Verantwortung

Das Konzept des *kaitiakitanga* ist in Neuseeland so tief verwurzelt, dass es nicht nur im privaten Bereich Anwendung findet. Es gibt viele Unternehmen, die ihre Mitarbeitenden für einige Tage im Jahr freistellen, um als *kaitiaki*, also als Kümmerer für einen guten Zweck, tätig zu sein. Dabei kann es sich um jegliche Form von sozialem Engagement handeln wie Umweltaktionen oder Spendensammeln. Walretter, zum Beispiel. Jedes Mal, wenn ein Wal strandet, werden sie benachrichtigt und vom Arbeitgeber freigestellt. Spendenaktionen auf Neuseelands Straßen und in Unternehmen sind an der Tagesordnung. Sich sozial zu engagieren und die Gesellschaft aktiv mitzugestalten, ist in Neuseeland tief verankert und selbstverständlich. Selbst Schüler und Studierende werden für ihr soziales Engagement und Unterstützungsleistungen mit Credit Points »belohnt« – Engagement durchdringt alle Bereiche des neuseeländischen Lebens.

Das Wort *kaitiaki* findet sich häufig auch in Berufsbezeichnungen, um auszudrücken, dass jemand die Verantwortung für eine Sache oder einen bestimmten Bereich übernommen hat und diese »beschützt«, entwickelt und pflegt. So gibt es *kaitiaki*, die sich darum bemühen, dass junge Auszubildende gut betreut oder ökologische Aspekte nicht außer Acht gelassen werden. Und eine der wichtigsten Positionen ist, dafür zu sorgen, dass die Werte der Māori und des *Treaty of Waitang*, dem Vertrag, der

Māori volle Rechte einräumt und die gesetzliche Grundlage für alle in Neuseeland bildet, im Unternehmensalltag erhalten bleiben, und ein gutes Verhältnis zum lokalen Stamm gepflegt wird. Auch im Museums- und Kulturbereich begegnet man dem Begriff häufiger. Hier geht es darum, Objekte und Wissen zu bewahren, zu betreuen und zugänglich zu machen.

Wenn wir uns um etwas kümmern, das schwächer ist oder Unterstützung braucht, zum Beispiel ein neuer Kollege, dann sind wir Kümmerer und üben *kaitiakitanga* aus. Gleichzeitig wächst unser *mana*, weil das, was wir tun, der Allgemeinheit zugutekommt und als gut angesehen wird. Das Faszinierende an den Konzepten von *mana* und *kaitiakitanga* ist, dass ihnen eine andere gesellschaftliche Grundhaltung zugrunde liegt als in der westlichen Welt: Warte nicht auf die Hilfe des Staates, sondern tue selbst etwas. Gestalte die Gesellschaft in deinem Rahmen aktiv mit. Jeder kann etwas beitragen, was dann zu einem großen Ganzen zusammenwächst.

Eine Geschichte von der Abwendung des Endes der Welt

Nachhaltigkeitskonzepte westlicher Unternehmen ist allen eins gemein: Sie beginnen nicht am Anbeginn der Zeit, sondern an deren Ende. Von einer zukünftigen Klimakatastrophe schauen wir rückwärts und entwickeln Konzepte, mithilfe derer wir das heilen wollen, was wir bisher falsch gemacht haben. Ob Corporate Social Responsibility, Sustainability Management, Kreislaufwirtschaft, Doughnut Economy – bei allen beginnt das Narrativ mit »Wir müssen es besser machen, um ».

Wenn wir aber von *kaitiakitanga* sprechen, spüre ich etwas ganz anders. Es geht um eine Verpflichtung, eine intrinsische Verantwortung, die Menschen antreibt, sich richtig zu verhalten. Eine spirituelle Verbindung zu Himmel und Erde, die stets *agiert* und *gestaltet*, um das von den Göttern Geschaffene zu ehren und zu erhalten. Demgegenüber stehen die institutionalisierten Versuche, auf die Auswirkungen unseres Handelns zu *reagieren* und *wiedergutzumachen,* damit wir unseren Lebensraum erhalten.

Unternehmen, die kein Programm aufweisen, dass sich mit Nachhaltigkeit beschäftigt, werden am Markt bestraft. Neben dem testierten Jahresabschluss muss zumindest ein »Nachhaltigkeitsbericht des Vorstandes« die Unternehmensfassade aufrechterhalten. Aktionen um der Aktion willen und um nicht gegenüber den Wettbewerbern zurückzufallen. Wie professionalisiert das Spiel um die beste Nachhaltigkeitsfassade betrieben wird, sieht man schon daran, dass es im Sprachgebrauch bereits ein Wort für diese nicht ehrlich gemeinte Form der Nachhaltigkeit gibt: »Green washing«.

Beispiele dafür gibt es genug. Illegal gerodetes Buchenholz findet höchstwahrscheinlich Verwendung bei einem großen schwedischen Möbelhersteller, während in der Werbung mit dem Label »Waldpositiv« geworben wird. Schon sechs Jahre vor dem großen Dieselskandal 2015 hat ein großer deutscher Automobilhersteller in den USA mit der Aktion »Clean Diesel« geworben. Stets wird eine grüne Fassade gewahrt, die eine Nachhaltigkeit vortäuschen soll, die bei genauerem Hinschauen nicht vorhanden ist.

Intrinsische Motivation aus einem spirituellen Verständnis von Schöpfung steht extrinsischer Motivation aus Markterfordernissen gegenüber: »Hin zu« steht »weg von« gegenüber.

Wie können wir *kaitiakitanga,* das Kümmern, als Ressource nutzen, um selbst eine neue, intrinsische soziale Verantwortung zu entwickeln? Wie kann uns die Schöpfungsgeschichte der Māori von Himmel und Erde helfen, dass wir uns mit unserem eigenen Handeln auseinanderzusetzen? Vielleicht sind Bilder hilfreich?

Beispielsweise das Bild der beiden Liebenden *Papatūānuku*, der Erdmutter, und *Rangi-nui*, der Himmelsvater, wenn es um die Entscheidung geht, mit der Bahn oder dem Auto zu fahren. Es geht dann nicht um die »externalisierten Kosten meiner Individualmobilität«. Nein, ich leite die Abgase meines Autos direkt in den Lebensraum der Kinder, die sich gerade ihre Welt geschaffen haben und fahre Bahn. Das Gefühl des verantwortlich seins braucht Bilder wie dieses.

Sei ein Kümmerer

Jeder von uns hat einen Kümmerer in sich. Jeder trägt ein Stück intrinsische Motivation, unseren Lebensraum zu erhalten. Das macht uns zu verantwortungsvollen Wesen – auch im Unternehmenskontext, und zwar jenseits leerer Phrasen von Unternehmenswerten.

Unternehmen und Führungskräfte können *kaitiakitanga* nutzen, um Arbeitsumfelder zu schaffen, die die intrinsische Motivation der Mitarbeitenden nicht mehr unterdrücken. Sie zeigen Mitarbeitenden auf, wo sie sich einbringen können. Bleibt es dann nicht bei leeren Bekenntnissen zum Mitarbeiterengagement, können erstaunliche Dinge passieren. Unterstützen Sie Engagements für soziale Zwecke und die Umwelt. Gestalten Sie sie zusammen als Team. Und machen Sie sich Gedanken, wo Sie und andere stehen. Wo bewirkt man etwas? Das kann schon im Kleinen beginnen. Indem Sie Mitarbeitenden beispielsweise ein Lächeln schenken oder einen Kaffee bringen, wenn Sie wissen, dass sie vielleicht gerade eine schwere Zeit haben. *Kaitakitanga* ist ein Pflänzchen, das gepflegt werden muss, damit es wachsen kann. Es verlangt von allen Aufmerksamkeit – für Sie selbst und für die anderen.

Ersetzen Sie Programme durch ehrlich gemeinte Verbindungen mit dem, was um Ihr Unternehmen herum existiert – Umwelt, Natur, die Gemeinde, soziale und karikative Vereine und Verbände. Tun Sie es regelmäßig und mit Freude, nicht aus falsch verstandenem Zwang. Dann fällt es jedem ein Stück einfacher, ein Kümmerer zu sein.

Und als Nebeneffekt werden Sie feststellen, dass Menschen in eine ganz neue Qualität der Verbindung zueinander einsteigen, wenn sie über mehr als über die reinen Arbeitsprozesse verbunden sind.

Hier sind einige Fragen, die ihnen helfen können, ein *kaitiaki* zu werden:

- Wie geht es mir heute?
- Wie geht es den Menschen um mich herum?
- Welchen Einfluss habe ich auf das Wohlbefinden der Menschen um mich herum?
- Mit welcher nächsten kleinen Handlung kann ich das Wohlbefinden eines anderen Menschen verbessern?
- Wo in unserem Umfeld wollen wir uns gemeinsam einbringen?
- Gibt es etwas, das wir zusammen besser machen können? Zum Beispiel ein soziales Projekt.
- Bei welcher Art Projekt wären Sie stolz, wenn Ihr Name damit in Verbindung gebracht werden würde?
- Welche Zeile möchte ich in den Medien über unser Engagement lesen?
- Was sind unsere Werte im Team und welche Handlungen machen sie eigentlich sichtbar?
- Was habe ich heute bewirkt, und wo habe ich einen Unterschied gemacht?

ERKENNTNIS

Soziale Verantwortung
von innen ist wichtiger als eine
von außen verordnete
oder vorgetäuschte.

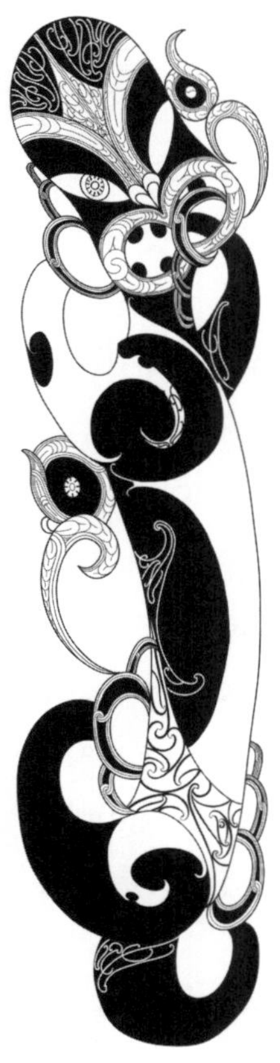

KAPITEL 5

WHĀNAU – DIE FAMILIE

Wie wir uns organisieren

Eine Geschichte von Zugehörigkeit

Angekommen in einem fremden Land. Oder bin ich überhaupt angekommen? Zumindest physisch finde ich mich zurecht und habe mich auch an das etwas ungewohnte »Kiwi-Englisch« gewöhnt. Aber gehört es nicht dazu, einen Ort sein zuhause nennen zu können, um sich angekommen zu fühlen?

Meine »Reise« in die Welt der Māori begann in völliger Unwissenheit. Als Touristin waren mir zwar einigen kulturelle Sitten bekannt, ich hatte aber ein eher romantisches Bild der Māori-Kultur. Eine Stadt wie Rotorua, das touristische Zentrum Neuseelands, gab mir Einblicke in das traditionelle Leben der Māori, aber eben keine wirklichen Erfahrungen. Als ich immer mehr in die Kultur eintauchte, ahnte ich nicht, auf welche Reise ich mich begab.

Montagmorgen an der Universität, man zeigt mir meinen Arbeitsplatz. Die Tür geht auf, und eine junge dunkelhaarige Frau betritt den Raum. Sie war sichtlich irritiert, mich zu sehen. Nach einem kurzen Gespräch machte sie mir unmissverständlich klar, dass sie nicht verstehen könne, warum ich als *Pākehā*, also als Nicht-Māori, an ihrer Fakultät sei. Trotzdem ging ich am nächsten Tag frohen Mutes in mein Büro. Ich hörte schon fröhliches Geschnatter hinter der Tür und war gespannt, wen ich dort wohl antreffen würde. Als die Tür geöffnet wurde, sagte man nur kurz »Hello« und wechselte von Englisch zu *Te Reo Māori*, der Sprache der Māori. Da saß ich nun als Fremde in meinem Büro, als Fremde in einem Land, das mein Zuhause sein sollte. Zum ersten Mal erlebte ich das Leben aus einer anderen Perspektive, der Perspektive des Fremden und nicht des Dominanten.

Aber irgendwann kam der Tag da sagte unser *kuia*, die Marae Managerin: »You go over to the whare, listen and sit in«. Sie wies mich an, in das große Versammlungshaus (*Marae*) zu gehen, wo gerade wichtige Gäste empfangen wurden.

Haus Tanenuiarangi, Waipapa Marae, Universität von Auckland

Ich zögerte, denn ich wusste, dass dort wichtige Angelegenheiten von hochrangigen Māori besprochen wurden. Die *kuia* schob mich zur Tür hinaus, wies mich an, meine Schuhe auszuziehen und mit ihr in das Versammlungshaus zu gehen. Ich liebte dieses Haus mit seinen wunderschönen Schnitzereien und Verzierungen. Und da fand ich mich nun in der Ecke auf einer Matratze sitzend wieder, während neben mir hochrangige Māori diskutierten und Politik machten. Eine Mischung aus *Te Reo Māori*, der Māori-Sprache, und Englisch schwebte durch den Raum. Auch mein Doktorvater saß in einer Ecke und nickte mir wohlwollend zu. Meine Ohren hörten viel an diesem Tag. Vieles, das mich überraschte und Fragen aufwarf. Als die Gespräche beendet waren, strömten alle in den Speisesaal. Ich eilte zurück in die Küche, um zu helfen, aber da hieß es schon: »Setz dich und trink eine Tasse!« Und so saß ich plötzlich mit Tama Iti, einem sehr verehrten Māori-Aktivisten, den ich nur aus Radio und Fernsehen kannte, am Tisch, und wir tranken gemeinsam Tee.

Dieser Tag veränderte mich und die Menschen um mich herum. Ich war in der Gemeinschaft angekommen, jemand, dem man vertrauen konnte, der nicht mehr weggehen würde, der sich einbringt, sein Ego zurückstellt und die Aufgaben übernimmt, die gerade anstehen. Plötzlich wurde dieses *Marae*, dieser ursprüngliche Ort der Kultur, und die Menschen dort ein Stück Heimat für mich. Bei großen Festen habe ich mit angepackt und mit hundert anderen Helfern die Nacht durchgearbeitet. Im *Marae* habe ich viele tiefe Gespräche geführt, gelacht, geweint, gelernt und sogar geheiratet. Es tat gut zu wissen, dass man irgendwie dazu gehört, dass man eine Familie hat, ein *whānau*, wie es auf Māori heißt. *Whānau* fängt einen auf, und man ist Teil von etwas Größerem.

Das Konzept der tiefen Verbindung

Das Māori Dictionary übersetzt *whānau* mit:

- geboren werden, gebären und
- Großfamilie, Familie, Gruppe, ein beliebter Ausdruck, um eine Gruppe von Menschen zu bezeichnen. das primäre ökonomiche Einheit in der traditionellen Māori Gesellschaft. In der

modernen Welt wird der Begriff verwendet, um Freunde zu bezeichnen, die nicht mit einem verwandt sind, aber eine Gruppe bilden.[6]

Das Wort *whānau* beschreibt also den Vorgang der Geburt, aber als Nomen wird es für die etwas weiter gefasste Familie verwendet. In der Māori-Gesellschaft gibt es drei Attribute, die Zugehörigkeit definieren. Der Stamm oder *iwi* ist die große Einheit der Zugehörigkeit und bezieht sich auf die großen Kanus, die die ersten Māori Menschengruppen nach Neuseeland brachten. Heute spricht man von 35 verschiedenen *iwi*, den großen Stammesgruppen. Die nächstkleinere Einheit sind die Subtribes oder *hapū*, die sich aus den jeweiligen iwi ergeben. Davon gibt es 260 verschiedene. Die dritte und kleinste Einheit ist der *whānau* oder die Familie, wobei Familie durchaus im weiteren Sinne zu verstehen ist. Alle diese Einheiten sind durch ihren Stammbaum, ihren *whakapapa*, miteinander verbunden.[7]

Ursprünglich bezog sich der Begriff *whānau* nur auf die direkte (Kern-)Familie. Aber im Laufe der Zeit wurde der Begriff erweitert, und man kann auch zu einem *whānau* gehören, ohne verwandt zu sein. Mein *whānau*, meine Familie, wurde *Te Herenga Waka Marae*. Ein Ort, an dem verschiedene Menschen zusammenkommen, um eine Einheit zu bilden. Um zusammen zu leben und zu arbeiten. Es war meine Familie, weit weg von meiner eigenen (Geburts-)Familie zu Hause in Deutschland.

Und so kann eine solche Familie auch genau diese Funktionen übernehmen. Die Familie verteilt Aufgaben. Sie belohnt, bestraft, beschützt, fordert und fördert. Ein schönes Beispiel dafür ist das Konzept von *whānau* support: Jede Familie kann in herausfordernde Situationen geraten, wenn beispielsweise ein Familienmitglied erkrankt, stirbt oder ein Kind geboren wird. Innerhalb der Familie werden diese Informationen immer sehr schnell ausgetauscht und erreichen auch den *hapū* und *iwi*, also auch die anderen sozialen Gruppen und Einheiten. Unverzüglich wird entschieden, wer Hilfe benötigt und diese in die Wege geleitet. Kinder werden vom Kindergarten abgeholt, Wäsche wird gewaschen oder Essen gekocht. Die Familie in Not bekommt alle Hilfe, die sie braucht, damit sie sich auf die wichtige Aufgabe konzentrieren kann, die vor ihr liegt, z. B. eine Beerdigung vorbereiten oder einen Genesungsprozess. All dies geschieht ungefragt. Die Māori scheinen einfach da zu sein, und alles funktioniert wie ein gut koordinierter Organismus ohne Bitten und Fragen.

Ich selbst habe diesen *whānau support*, also Familienunterstützung, nach der Geburt meines Sohnes erfahren dürfen. Plötzlich standen Essen und Kuchen vor der Tür, Besucher stellten einfach die Waschmaschine an, und andere brachten abends unseren Müll auf die Straße. Als ich mit meinem Baby auf dem *Marae* war, wurde das Kind umsorgt und geliebt. Ich konnte einmal durchschnaufen, und mir wurde ein Bett zum Ausruhen angeboten. Es waren diese kleinen Dinge, die für mich einen großen Unterschied gemacht haben! Die Familie oder *whānau* sorgt für die Entwicklung des Einzelnen, immer mit dem Ziel der Gemeinschaft vor Augen. Alles soll zum Nutzen des *iwi*, also des großen Stammes oder whānau der Familie beitragen.

Die Māori leben in einer von Tradition und Ritualen geprägten Welt. Wem welche Rolle zukommt, ist klar geregelt. Die Älteren und Erfahrenen bringen den Jüngeren alles bei, was es über *tikanga* (die Art und Weise, wie man Dinge tut, z. B. Traditionen und Rituale) zu wissen gibt, und entscheiden auch, wann es Zeit ist, eine Rolle zu übernehmen. Ich erinnere mich noch gut an meinen Freund Hemi, der kurz vor einer offiziellen Begrüßungszeremonie (*pōwhiri*) von den *kaumātua* (den Alten und Weisen) die Aufgabe übertragen bekam, die Familie rituell zu vertreten. Dort stand Hemi nun und musste das Ritual für die Familie mitgestalten. Eine schwierige Aufgabe mit hohem Ansehen und *mana*. Natürlich lief nicht alles glatt, und Hemi musste sich im Nachhinein auch die eine oder andere Kritik anhören. Aber die Familie hatte entschieden, dass er bereit war, eine neue Rolle zu übernehmen. Und für Hemi gab es auch kein »Entkommen«. Er sagte mir hinterher: »Weißt du, ich hatte große Angst, diese Rolle zu übernehmen, aber gleichzeitig wusste ich, ich bin nicht allein, die anderen sehen in mir die Fähigkeit, die ich selbst noch nicht sehe. Es braucht Mut und Vertrauen, und beides gibt der *whānau*.«

In Neuseeland ist die *whānau* fest im Alltag der Menschen verankert. Es gibt sogar eine offizielle Gerichtsbarkeit, die auf der Ebene der *whānau* und *iwi* stattfindet. Hier werden kleinere Vergehen – vor allem im Bereich des Jugendstrafrechts – gemeinsam mit den Familien und den Richtern auf dem *Marae* verhandelt. Die Strafen sind oft so bemessen, dass sie den individuellen Schaden ausgleichen und somit eine direkte Wiedergutmachung schaffen, die dann wieder in das Gemeinwohl einfließt.

Auch im beruflichen Kontext können Kollegen als *whānau* betrachtet werden. Dies drückt ein starkes Zusammengehörigkeitsgefühl aus. Das *whakapapa*, der »Stammbaum« und die Herkunft, helfen den Mitarbeitern, ein gemeinsames Verständnis von Vision, Regeln und Prozessen zu entwickeln. Das Ziel, den Einzelnen zu fördern und zu unterstützen, um einen Mehrwert für die Gemeinschaft, das Team oder das Unternehmen zu generieren, ist ein starkes verbindendes Element.

Auf Augenhöhe?

Gute Beziehungen zwischen Menschen und das Gefühl der Zugehörigkeit sind auch in unseren Breiten die Grundlage guter Zusammenarbeit. Leider kommt aber unser Verständnis dieses Zusammenhörigkeitsgefühls auch immer mit einem Wermutstropfen daher.
»Wir haben eine von Freundschaft geprägte Unternehmenskultur«
»Wir arbeiten hier auf Augenhöhe«
»Wir sind ein familiäres Unternehmen«

Beliebte Schlagwörter von einer durch »Employer Branding« geprägten Unternehmenskommunikation. Interessenten wird suggeriert, dass das Unternehmen praktisch dafür existiert, Menschen in freundschaftliche oder gar familiäre Verbindungen zu bringen.

Unternehmen versuchen sich in der Regel allerdings so zu organisieren, dass es der Wertschöpfung dient und nicht der Bildung von Freundschaften unter den Mitarbeitenden. Sind eine außerordentlich hohe Anzahl von Freundschaften in einem Unternehmen vorzufinden, scheinen diese notwendig zu sein, um strukturelle Mängel auf der zwischenmenschlichen Ebene auszugleichen. Also prägen die Freundschaften nicht nur die Unternehmenskultur, sondern sind auch eine direkte Folge der Struktur. Im Extremfall handelt es sich um »Seilschaften«, die sich am Unternehmensziel vorbei auf das Ziel von Cliquen ausrichten.

Das Narrativ »Wir sind hier alle eine Familie« ist erst einmal ein Irrglaube. Das liegt begründet im (westlichen) Verständnis, was Familie und Unternehmen sind – ein Unterschied. Ich kann mir meine Familie nicht aussuchen und meine Familie nicht mich. Es gibt keine Möglichkeit, der Familie zu kündigen oder auszusteigen. Die Androhung eines »Rausschmisses« ist schlichtweg nicht gegeben. Entscheidungen im Familienkreis sind stets darauf ausgerichtet, die Bindung untereinander zu verstärken. Liebe geben oder entziehen ist die Währung.

Unternehmen dagegen wählen Mitarbeitende aus und Mitarbeitende ihr Unternehmen. Beide Seiten haben also Wahlmöglichkeiten. Der Mitarbeitende kann kündigen, und für das Unternehmen ist die Möglichkeit der Kündigung ein durchaus legitimes Disziplinierungsmittel. Entscheidungen sind oder besser sollten darauf ausgerichtet sein, was Erfolg für das Unternehmen verspricht. Unternehmen können also per se nicht »familiär« sein, die Mechanismen, insbesondere was Zugehörigkeit und Ausschluss, aber auch was Entscheidungen angeht, sind grundsätzlich unterschiedlich.

Das Narrativ »Wir arbeiten auf Augenhöhe« wird auch zum Mythos, wenn der eine über das Gehalt, über die Entwicklungschancen, über Beförderung, also über das berufliche Wohl und Wehe des anderen entscheidet. Wie soll ein Feedback auf Augenhöhe konstruktiv sein, wenn ständig abzuwägen ist zwischen »Das müsste ich jetzt mal sagen.« und »Hat das Konsequenzen für mich bei der nächsten Beurteilung?«.

Aber offensichtlich schafft es das Māori-Konzept der *whānau*, ein Familiengefühl zu erzeugen, dass auch in Universitäten und Unternehmen angewendet wird und diese Unterschiede ignoriert. Ihm gelingt es, dass sich ein Sinn für eine Gemeinschaft entwickeln kann – den wir in unseren Organisationen durchaus vermissen, aber meistens umsonst suchen. Liegt es daran, dass man im *iwi*, *hapū* oder der *whānau* vielmehr füreinander statt miteinander arbeitet und lebt?

Wie stark ist das Zusammengehörigkeitsgefühl in Ihrer Organisation? Gehen Sie dazu beispielsweise den folgenden Fragen nach:

- Wie gehen wir miteinander um?
- Was bringe ich ein? Welche selbstlosen Tätigkeiten übe ich für andere aus?
- Welche Rolle übernehme ich selbst und welche sehe ich in den anderen?
- Was weiß ich wirklich über die anderen, und wo verbinde ich mich mit ihnen?
- Wer ist meine *whānau*? In welcher Ordnung zueinander befindet sie sich? Was definiert sie?
- Wo erfahre ich Unterstützung, um die ich nicht gebeten habe?
- Was ist mein persönlicher *Marae*?

- Gehe ich ins Büro, um zu arbeiten oder um anderen zu begegnen?
- Was ist der Sinn unseres Unternehmens und wie verbindend ist er?
- Sind wir füreinander da?

Was zählt, ist immer das verbindende Element, das das Miteinander beflügelt. Gemeinsame Erinnerungen, Erfahrungen, Fragen und Lebenshorizonte.

ERKENNTNIS

Du bist nie allein.

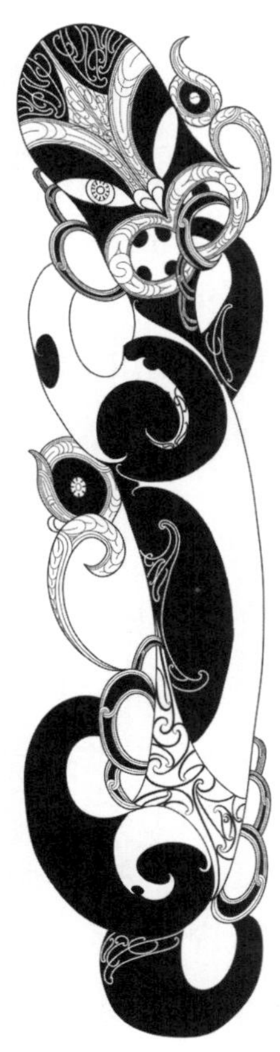

KAPITEL 6

WĀHINE – DEINE WEIBLICHE URKRAFT

Wer die Fäden zusammenhält

Eine Geschichte der Stärke

»Frauen, das schwache Geschlecht!« Wie oft haben wir diesen oder ähnliche Sätze schon gehört. Insbesondere das Bild der indigenen Frauen wird oft als schwach und vom Mann abhängig gezeichnet.

Dies trifft auf die Māori-Frauen (*wāhine*) nicht zu. *Wāhine* sind Kämpferinnen, führen Tribes und leben durchaus auch ein unabhängiges Leben vom Mann. Mann und Frau sind bei den Māori mit ihren unterschiedlichen Aufgaben und Lebensbereichen gleich wichtig und symbiotisch.

Die Mythologie und Geschichte der Māori kennt viele starke Frauen in wichtige Rollen. Zum Beispiel ist da als erstes die Mutter Erde zu nennen, *Papatūānuku*. Sie ist die Lebensgrundlage für alles und jeden in unserer menschlichen Welt. Auch der Mond, *te Māra,* ist weiblich. Mit ihrer großen Kraft beeinflusst auch sie die Welt, in der wir leben. Ebenso die etwas dunklere Seite der Māori Mythologie spricht von wichtigen und starken Frauen. Der erste Mensch, geschaffen durch *Tāne-mahuta*, war *Hineahuone*. Dessen Tochter *Hinetītama* sollte zu *Hinenui-te-pō*, der Göttin der Unterwelt, werden.[8] Viele Frauen besetzen also wichtige Positionen in der göttlichen Welt der Māori.

Indigene Völker und insbesondere kriegerische Völker wie die Māori leben davon, dass das Überleben der Gruppe gesichert wird. Kinder zu bekommen, war und ist deshalb von hoher Bedeutung und eine unglaubliche starke Kraft, die den Frauen zusteht. Sie geben Leben und sichern den Fortbestand der eigenen Gruppe. Im Moment der Geburt befinden sie sich in der Zwischenwelt von Leben und Tod, sie geben Leben, können aber selbst sterben. Und das Leben des Kindes ist auch nicht immer gesichert. Die weiblichen Körperöffnungen werden bei den Māori noch heute mit dem Zugang zur Unterwelt assoziiert. Mythologisch beruht die besondere Stellung der Frau und ihrer Geschlechtsteile auf der Geschichte, wie *Maui* zwischen den Beinen der Göttin der Unterwelt zerquetscht wurde, als er versuchte, in sie einzudringen und durch sie hindurchzukriechen, um sie zu töten. Mauis Mutter hatte ihm gesagt, wenn er durch die Göttin der Unterwelt hindurchkriechen würde, diese sterben würde, und er und alle Menschen dafür ewiges Leben erhalten könnte. Als er *Hinenui-te-pō* schlafend begegnete, witterte er seine Chance. Als seine Freunde sahen, was er da versuchte, lachten sie über ihn. Die kleine Fantail, ein kleiner Vogel, lachte so laut, dass die Göttin erwachte. In ihrer Wut zerquetschte sie Maui in sich. Der Tod wurde nicht besiegt, die Menschen sind immer noch sterblich.

Diese Geschichte ist auch der Grund, warum eine Māori-Frau auf dem *Marae* nie über einen am Boden sitzenden Mann steigen würde, sondern immer im Bogen um ihn herum geht. Mit dem Öffnen »des Schrittes« öffnet sich eine Welt, die dem Mann Angst macht und Frauen unermesslich stark erscheinen lässt: die Welt von Leben und Tod. Und auch wenn die Frauen bei den Zeremonien auf dem *Marae,* dem kulturellen Ort, in den hinteren Reihen sitzen, so hat dies nicht mit Schwäche zu tun. Frauen sitzen einzig und allein aus Gründen des Schutzes in den hinteren Reihen. So wird verhindert, dass der potenzielle »Feind«, welcher sich auf dem *Marea* präsentiert, die Frauen, welche das Überleben des Tribe sichern, zuerst angreifen. Sie werden durch die Krieger, die vor ihnen sitzen, geschützt. Auf der anderen Seite sind es aber die Frauen, die die vielen Rituale der Māoriwelt initial anführen und einleiten oder auch abschließen. Hier erleben wir, im wahrsten Sinne des Wortes, die starken Frauen hinter den Männern. In Neuseeland gibt es den schönen Ausspruch »I'll have your back!« und das kann man durchaus wörtlich nehmen; ich sichere dich von hinten ab.

Die rituellen Handlungen der Männer hängen voll und ganz an den Frauen, denn sie sind es, die die Männer, beispielsweise durch ihre Gesänge, wieder in die diesseitige Welt holen und Rituale abschließen. Ohne das Zutun der Frauen wären die Männer in dieser göttlichen Sphäre gefangen und verloren. Es ist nicht selten, dass Frauen dieses als absolutes Machtmittel benutzen, um den Männern zu zeigen, dass sie mit Gesagten nicht einverstanden sind oder etwas im Tribe falsch läuft. Für *wāhine* braucht es also nicht unbedingt das Wort, um ihre Stärke zu demonstrieren. Vielmehr ist es etwas, dass ihnen inne und eigen ist durch ihre rituelle Stellung, durch ihre Geburt. Alles beruht auf der Möglichkeit, Kinder zu bekommen, den Tribe am Leben zu halten und eine Verbindung zur Unterwelt und zum Leben herstellen zu können. Ein sehr kraftvolles Bild!

Die Rolle der Frau

Unterschiedliche Kulturen billigen den jeweiligen Geschlechtern unterschiedliche Rollen zu. Diese Rollen können kulturfremde oft verunsichern oder von diesen sogar negativ aufgefasst werden. Natürlich gibt es viele Länder und Kulturen, in denen Frauen unterdrückt werden und es keine Chancengleichheit gibt und es ist auch gut, dass diese angeprangert wird. Im Falle der Māori wird allerdings oft vorschnell geurteilt.

Historisch gesehen ist Neuseeland war weltweit das erste Land, in dem die Frauen das Wahlrecht erhielten. Die Sozialreformerin und Suffragette Kate Sheperd sowie ihre Anhängerinnen (und auch Anhänger) haben dafür unermüdlich gekämpft, um am 19. September 1893 endlich das Recht zu erhalten, in den Parlamentswahlen ihre Stimme abgeben zu dürfen.[9] Das ausgerechnet dieses kleinen Land, am anderen Ende der Welt, beim Thema der Gleichberechtigung ganz vorne liegt, hat mit Sicherheit auch kulturelle und historische Gründe.

Von 1840 bis 1893 hat sich das maorische *Aotearoa* zum weiß dominierten Neuseeland entwickelt, einem Land, dass durch die Britische Krone regiert und geprägt wurde. Und auch die Rolle der Frau wurde von den englischen Siedlern natürlich mit zu den Antipoden genommen. Standesgerecht und in ein Korsett geschnürt sollte die Frau ihrem Mann gehorchen und war für Herd, Heim und Kinder zuständig. Sie war dem Mann unterstellt und konnte nichts ohne seine Einwilligung tun.

Ganz anders sah es da in der Welt der *wāhine Māori,* der maorischen Frauen, aus. Aus Briefen und Tagebüchern wissen wir, dass viele der frühen Siedlerinnen die indigenen Frauen für ihre Unabhängigkeit und Stärke bewunderten. Es bildeten sich Dienstverhältnisse zwischen indigenen Frauen und »weißen« Haushalten, aber durchaus auch so etwas wie Frauen-Freundschaften. Diese gaben den europäischen Frauen einen Einblick in eine Gesellschaft, in der Frauen und Männer symbiotisch unterschiedliche Aufgaben erfüllen und eine gleichberechtigte Bedeutung haben.[10]

Wāhine Māori konnten Tribes führen, wussten mit Waffen umzugehen und zogen auch in den Krieg, besaßen Land und wurden von ihren Männern geachtet und unterstützt. Die weibliche Menstruation, Empfängnis und Geburt waren offen besprochene Themen in der Gesellschaft und machten Frauen zu wichtigen Partnern in der Sicherstellung des Überlebens des Tribes.

Trotz dieser vielen Möglichkeiten waren aber auch den *wāhine* bestimmte Bereiche zugesprochen und andere verboten. Insbesondere weiche Materialien wurden von Frauen bearbeitet, harte im Gegenzug von Männern. Jeder hatte seinen Bereich, und es war dem anderen verboten, in diesen einzudringen – und so ist es in manchen Bereichen noch bis heute. Ein *wharenui,* ein Meeting- oder Versammlungshaus, bestehet aus Holz, welches mit zahlreichen Schnitzereien dekoriert ist, die die Vorfahren des Tribes zeigen. Die Arbeit der Schnitzerei und Holzarbeit fiel den Männern zu. Aber ein solche Haus lässt sich nicht ohne das Zutun der Frauen erreichten. Denn diese weben die schönen kleinen Wandpanäle (*tukutuku panals),* die ebenfallls die

Geschichten des Tribes erzählen. Ohne diese Panäle wäre das Haus nicht vollständig. Praktisch muss man sich vorstellen, dass es zwei unterschiedliche Arbeitsplätze gab, und am Ende des Herstellungsprozesses der einzelnen Teile kommen beide Gruppen zusammen, um das Haus zu errichten – eine Art Symbiose.

Neuseelands Außenministerin Hon Nanaia Mahuta (Quelle: US Embassy)

Wāhine bezeichnen sich oft als sogenannte *Wāhine Toa,* als starke kriegerische Frauen. Sie verteidigen ihre Kinder, die Familie, das Land und den Tribe mit den gleichen Kräften, wie es Männer tun. Oft nutzen sie andere Techniken, aber grundsätzlich sind sie gleich wichtig. Dieses wird zum Bespiel auch beim *haka* deutlich, worauf wir im nächsten Kapitel mehr eingehen werden. Māori-Frauen prägen bis heute mit ihren Führungsqualitäten das Land und die Kultur. Te Arikinui Dame Te Atairangikaahu[11] beispielsweise war von 1960 bis 2006 über 40 Jahre die Māori Queen und repräsentierte das sogenannte *Kingitanga.* Whinia Cooper[12] kämpfte ihr ganzes Leben lang für die Landrechte der Māori und hatte eine hohe öffentliche Stellung. Sogar ein Film wurde über sie gedreht.[13] Und derzeit repräsentieren zweit starke *wāhine Māori* Neuseeland im in und Ausland: Hon Nanaia Mahuta als Außenministerin[14] und The Right Honourable Dame Cindy Kiro[15] als Gouverneur General of New Zealand, der offizielle Repräsentant der britischen Krone und Head of State of New Zealand.

Im Parlament und in anderen wichtigen Positionen sind zahlreiche Frauen zu finden, Māori wie anderen Ethnien übersteigen teilweise den Männeranteil.[16] So ist Neuseeland auch im Gender Pay Index auf den vorderen Plätzen zu finden und hat eine Gleichbezahlung von Männern und Frauen gesetzlich verankert. Auch in den Vorstandsetagen von Unternehmen haben Neuseeländerinnen viele Möglichkeiten. Die Vereinbarkeit von Beruf und Familie ist nicht nur eine Floskel, sondern wird gelebt. Frau sein heißt, stark zu sein.

Unternehmen können Vorreiter sein

Wāhine Toa brauchen keine Quoten und keine Gleichstellungsbeauftragten, sie sind gleichberechtigt. Gerade weil sie Kinder gebären und für die Familie, also für den Fortbestand ihres Stammes sorgen. »Gleiche Rechte« anstatt »Gleich-Berechtigung«: Ist nicht schon unser Sprachgebrauch, der darauf hinweist, dass ein Unterschied ausgeglichen werden muss, verräterisch in Bezug auf unsere Haltung?

Als wir unseren ersten Vortrag zur Māori-Kultur und deren Übertragbarkeit in die westliche Welt der

Organisationen vorbereitet haben, fand das Thema Rolle der Frau ziemlich lange keine Berücksichtigung, bevor ich Rebecca dann fragte, ob wir nicht irgendwas zu Gleichberechtigung einfügen können.

Was ich dann gelernt habe, machte mir zwar klar, warum das für Rebecca mit ihrem Wissen um die Māori-Kultur so selbstverständlich war, dass wir nicht vorher darauf gekommen waren. Zugleich hinterließ es mich aber zutiefst ratlos. Wie soll das Konzept der »child bearing capacity«, also die Möglichkeit, Kinder zu bekommen, anschlussfähig sein an unsere Vorstellung von Gleichberechtigung. Ich fragte mich, wie eine um Gleichberechtigung kämpfende Frau in unserer Welt, die in unserem Buch liest, darüber denkt, dass der Wert einer Frau durch ihre potenzielle Fähigkeit, Kinder zu gebären, bestimmt ist.

Geholfen hat mir bei diesen Fragen die Flugperspektive. Wenn wir die »child bearing capacity« einmal hinter uns lassen und in der Betrachtung eine Ebene höher steigen, erkennen wir einen Unterschied in der Betrachtung. Hier die Frau, die benachteiligt ist und die man »gleich-berechtigen«

muss, also der Ausgleich einer vorher als gegeben akzeptierten Ungleichheit. Equalpay-Regelungen, Gleichstellungsbeauftragte, Quotenregelungen – immer geht es um den Ausgleich von etwas, das zur Benachteiligung geworden ist.

Nun können wir mehrere Jahrhunderte kulturelle Fehlentwicklung im Westen nicht zurückdrehen. Wir können aber sehr wohl das tun, was die Māori nach Erscheinen der britischen Siedler teilweise gemacht haben, nämlich denen, die sich gegen Gleichberechtigung stellten, vorzuleben, dass das gleichberechtigte Leben aller Geschlechter das bessere, das gerechtere und das nachhaltigere ist. Hier liegt die große Chance für Unternehmen und Leadership. Sie können Vorreiter und Vorbilder für gesellschaftliche Veränderungen sein. Indem sie Frauen und Männer einfach gleichbehandeln – beim Gehalt, den Aufstiegschancen, bei Förderung und Forderung und natürlich bei der Unterstützung von Familien um die Geburt von Kindern. Es geht überhaupt nicht um die Ungleichheit der Geschlechter, sondern darum, deren Folgen gleichmäßig zu verteilen. *Wāhine Toa* sind ein starkes Zukunftsbild für unsere Gesellschaft!

Hier sind einige Fragen, die Ihnen helfen können, das Frauenbild der Māori an Ihre Vorstellungen von Gleichberechtigung anschlussfähig zu machen:

- Welches Bild symbolisiert für Sie die unmittelbare Nähe bzw. Gleichzeitigkeit von Leben und Tod?
- Warum benötigen Frauen in unserer Welt Unterstützung? Auf welchem Gedankenmodell beruht das?
- Was macht Frauen stark?
- Wenn Du als Siedler heute nach Neuseeland kämst, was würdest Du von der Stellung der Maorifrauen denken?
- Welche Verhaltensweisen der ersten Siedlerinnen könnten uns heute helfen, zu einem offeneren Blick auf »das Andere« zu kommen?
- Welche Stereotypen bedienst du wenn du über Frauen sprichst? Und wo und wie könntest du diese Aufbrechen?

Gleiche Rechte haben ist mehr als Gleichberechtigung.

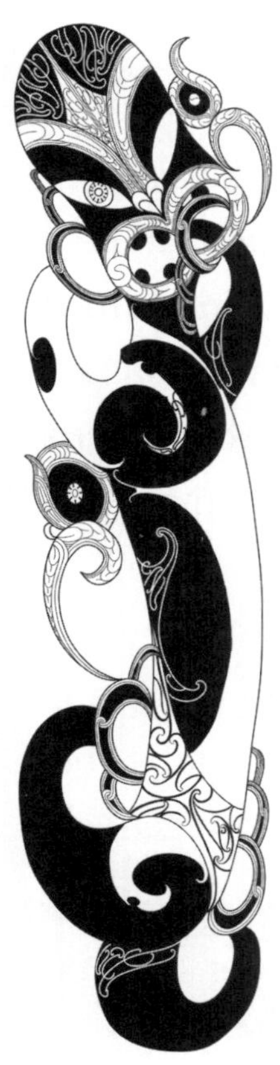

KAPITEL 7

HAKA – DEIN RITUAL DER STÄRKE

Der Weg den wir gemeinsam gehen

Vom Kontakt aufnehmen

Für die meisten Rugby-Fans auf der Welt stellt der *haka* die erste Begegnung mit der Kultur der Māori dar. Bevor die All Blacks, die neuseeländische Rugby-Nationalmannschaft, ein Spiel beginnen, stellen sich alle aus der Mannschaft in die Mitte des Spielfeldes auf, bilden in manchen Fällen auch ein dem Gegner zugewandtes Dreieck und führen einen martialisch wirkenden Tanz auf. Begleitet von lautem Gebrüll, angsteinflößende Grimassen ziehend und wild gestikulierend tanzt eine Mannschaft komplett in schwarz gekleidet.

Hier demonstriert das Team eine Form der Einigkeit und Stärke, die für jeden Zuschauer und insbesondere für die gegnerische Mannschaft regelrecht

Die All Blacks vor Spielbeginn (Quelle: Von Stefano Delfrate (CC BY-SA 2.0, https://commons.wikimedia.org/w/index.php?curid=129904080))

greifbar wird. Die Verbindung der Spieler untereinander ist genauso spürbar wie die kollektive Kraft, die davon ausgeht. Es ist ein *haka*, ein Tanz bzw. Ritual, in dem sich die Essenz der Māori-Kultur manifestiert.

Das Konzept von Respekt

Aber der *haka* ist kein »Kriegstanz«. Vielmehr drückt er eine Geste des Respekts aus, Respekt auch vor dem Gegner. Jede Pose hat eine Bedeutung und ist bis ins Detail wichtig. Deshalb ist es auch nicht so einfach, den *haka* zu lernen.

Haka ist eine traditionelle Form der Herausforderung und eines der tiefsten Rituale der Māori-Kultur, aber es ist kein Tanz im europäischen Sinne. Es ist vielmehr eine Bewegungsform, die Körper und Geist verbindet und im Ritual den Menschen mit seiner Umwelt und der vor ihm liegenden Aufgabe in Einklang bringt. Das mag vielleicht esoterisch klingen, die Wirkung des *haka* auf den Menschen ist aber wissenschaftlich erwiesen. Um ein so altes

Ritual zu verstehen, muss man dessen Geschichte und Ursprung betrachten. Wie in anderen Konzepten der Māori-Kultur, die wir bereits in früheren Kapiteln beleuchtet haben, hat auch der *haka* seinen Ursprung in der göttlichen Welt. Der Legende nach ist er eine Feier des Lebens und der Lebenskraft. *Tama-nui-te-rā*, der Gott der Sonne, der auch die Sonne selbst ist, und seine Frau *Hine-raumati*, die den Sommer verkörpert, hatten einen Sohn namens *Tāne-rore*. An heißen Sommertagen ist *Tāne-rore* so ausgelassen, dass Erde und Luft zittern. Er tanzt zur Freude seiner Eltern. Jeder von uns hat sicher schon einmal das heiße Flirren der Luft an Sommertagen gesehen und gespürt. Und genau aus diesen schnellen Bewegungen und den ihnen innewohnenden Rhythmen des göttlichen Tanzes sollen die Bewegungen des *haka* entstanden sein.

Wenn wir uns heute den *haka* anschauen, so sehen wir unterschiedliche Bewegungen, die für uns als Europäer oft ungewohnt und eventuell auch verstörend anmuten: Augenrollen, Zunge rausstrecken, auf die Schenkel schlagen, lautes Schreien. Jedoch hat jede Bewegung, jede Geste eine tiefere Bedeutung.

Der ganze Körper wird genutzt, jede Faser ist Bewegung: Atmung, Gestik, Muskeln und Stimme – alle zusammen bewegen den Geist und Körper. Henare Teowai (*Ngati Porou*), einer der alten Meister des *haka*, soll auf dem Totenbett auf die Frage, was die hohe Kunst des *haka* sei, geantwortet haben:

»Kia korero te katoa o te tinana.« – »Der ganze Körper soll sprechen.«[17]

Über *haka* sind zahlreiche Bücher geschrieben worden und ebenso viele Experten haben eine Vielzahl von Interviews dazu gegeben. Insbesondere in den letzten Jahren sind ihre Geschichten und Erfahrungen systematisch dokumentiert worden. In seinem Buch *Maori Games and Haka* schreibt Alan Amstrong zum Beispiel: »Der *haka* ist eine Komposition, die von vielen Instrumenten gespielt wird. Hände, Füße, Beine, der Körper, die Stimme, die Zunge und die Augen spielen alle ihre Rolle und verschmelzen miteinander, um die Herausforderung, die Begrüßung, die Freude, die Herausforderung oder die Verachtung der Worte in ihrer ganzen Fülle auszudrücken.«[18]

Traditionell wurde der *haka* vor kriegerischen Auseinandersetzungen eingesetzt, um die Gemeinschaft der Krieger zu stärken und den Gegner einzuschüchtern. *Haka* bringt den Krieger in Einklang mit sich selbst, den anderen Kriegern und dem Land, auf dem er steht, *Papatūānuku* und *Rangi-nui*, dem Vater des Himmels und der Zeit. Der Mensch fungiert als eine Art Kanal zwischen Himmel und Erde, durch den die Energien fließen, als Bindeglied zwischen Mutter Erde und Vater Himmel, den ewig getrennten Liebenden, und ermöglicht es, mit ihnen eins zu werden. Wenn wir also in den vorangegangenen Kapiteln von der Allgegenwart des Schöpfungsmythos gesprochen haben, so wird dies im *haka* besonders deutlich.

Medizinischen Studien haben bewiesen, dass sich die Herzschläge und die Atemrhythmen der Krieger während eines *haka* synchronisieren. Ihm werden aber auch kognitive und soziologische Effekte nachgesagt.[19] So soll *haka* beispielsweise bei Demenz helfen,[20] es wird zur Rehabilitation von Straftätern eingesetzt,[21] hilft Lernblockaden zu lösen und stellt eine große Hilfe bei der Behandlung von Depressionen und Angstzuständen dar. Wissenschaftlich belegt ist auch, dass *haka* die Konzentration und die Wahrnehmung erhöht. Daher wundert es auch nicht, dass einem *haka* im Land immer wieder begegnet. Es ist kein »totes Ritual«, sondern die Essenz der Kultur und des Lebens: Auf YouTube findet man eine große Zahl beeindruckender Videos, in denen z. B. Jugendliche ihrem Lehrer zum Abschied mit einem *haka* ehren oder eine Braut zu Tränen gerührt ist, als ihre Familie bei der Trauung mit einem *haka* die enge Verbundenheit sucht. Es gibt Schulen, die ihren eigenen *haka* haben, und nach dem großen Erdbeben in Christchurch wurde von den besten »*Haka*-Komponisten« Neuseelands ein neuer *haka* für die Jugendlichen von Christchurch entwickelt, um ihnen eine Möglichkeit zu geben, mit ihren Ängsten besser umgehen zu können und vor allem, um ein neues einendes Element zu schaffen. Man findet *haka* auch bei Beerdigungen, den sogenannten *tangihanga*, aber auch in Firmen und am Arbeitsplatz. In Neuseeland ist der *haka* Teil des öffentlichen Lebens und wird aktiv gelebt. Das Ritual ist ein lebendiger Bestandteil der Kultur der Māori. Und zunehmend auch in ganz Neuseeland.

Wie sich Systeme synchronisieren

Schauen wir uns den Beginn eines Spiel der deutschen Fußballnationalmannschaft an. Das Team versammelt sich zum Spielerkreis und hakt sich unter. Die Spieler schreien sich ihre Anfeuerungsrufe gegenseitig ins Gesicht. Siegesformeln werden ausgesprochen und im Kreis gehalten.

Was man mit Teamgeist assoziieren und als Zeichen besonderer Verbundenheit sehen kann, verliert mit dem Begreifen des *haka* seinen Zauber. Dafür gibt es einen Grund: Die All Blacks organisieren sich auf eine externe Referenz, die Fußballnationalmannschaft auf eine interne (der Spielerkreis beim Fußball). Die einen schauen dem Gegner ins Auge, die anderen schauen sich gegenseitig an.

Wie in unternehmerischen Organisationen auch. Die einen konzentrieren sich darauf, was der Markt macht. Was wünschen sich die Kunden? Was machen die anderen Anbieter? Was verändert sich gerade an den Rahmenbedingungen? Was wird in Zukunft verlangt werden? Diese Unternehmen referenzieren sich extern. Sie sind konzentriert auf den Markt und reagieren schnell und flexibel auf Veränderungen. Der *haka* beim Rugby ist immer gegnerbezogen. Je stärker der Gegner eingeschätzt wird, desto stärker der körperliche Ausdruck und die gewählten Bewegungselemente.

In anderen Unternehmen sind dagegen die internen Referenzen handlungsbestimmend: von der Wichtigkeit der Hierarchie über Planung und Berichterstattung bis hin zu Unterschriftenrichtlinien, Reise- und Dienstwagenregelungen oder Arbeitszeitverordnungen. Alle Handlungen sind darauf gerichtet, was das »Innen« bestimmt – ohne Blick auf den Markt. Durch den *haka* wird respektvoll geprüft, ob Feind oder Freund auf der anderen Seite steht, wie man zum Gegenüber steht und ihm begegnet. Die Mannschaften stehen sich Auge um Auge gegenüber. Es geht um eine Begegnung von Angesicht zu Angesicht, und es wird abgeschätzt, wie stark der Gegenüber ist.

Es bleibt nichts verborgen. Einer möglichen Gefahr wird mit offenem Visier ins Gesicht geschaut; ein möglicher Verbündeter kann erkannt und ein entsprechendes Signal gesendet werden.

Diese Möglichkeiten bleiben dem Spielerkreis verschlossen. Wer Teil davon ist, weiß, wer in seinem Team mitspielt. Die Außenwelt wird ausgeklammert, und der anderen Mannschaft respektlos der Rücken zugekehrt. Insgesamt kann man erkennen, dass beim *haka* all das in ritualisierter Form stattfindet, was wir Teambuilding nennen. In einem Zustand geistlicher Entrückung werden beim *haka* die Spieler zu einem, sie wachsen *zusammen*.

Du bist nicht allein

Das ist die Botschaft beim *haka*, die jeder Einzelne sendet und jeder gleichzeitig empfängt – gemeinsam im Team, mit den Vorfahren und verbunden mit Ort und Zeit. Wenn der New-Work-Philosoph Frithjof Bergmann von seiner Vision einer Arbeitswelt spricht, in der »jeder jeden stärkt« und »alles alles stärkt«[22] – er würde sie hier finden, wo er sie vielleicht nicht vermutet hätte, in einer »old culture«.

Der Spieler, der dem Gegner die Worte der Herausforderung laut entgegenschreit, ist dabei nicht unbedingt der beste Spieler oder der Kapitän der Mannschaft. Es ist der, der genau für dieses Spiel ausgesucht wurde, weil er dafür am besten geeignet ist. Sein *mana,* wie das des Kapitäns und vor allem des Teams, wächst in diesem Moment. Der eine hat die Verantwortung für das Team angenommen, der andere ein Stück seiner abgegeben. Auch hier zeigt sich wieder die Wirkmacht von *mana* als Konzept der Bedeutung, des Wertes und Wahrnehmung. Das, was gut, sinnvoll und einen Mehrwert für viele erzeugt, wird gemacht. Dieser Zuwachs an *mana* für alle ist der »Nordstern«, ein erstrebenswertes Ideal. Es geht nicht um mehr Macht, wie wir es häufig in unseren, von hierarchischen Strukturen geprägten Unternehmen kennen.

Wie sehen dazu unsere Praktiken und Rituale aus, um Teams, Abteilungen oder Bereiche zu synchronisieren und auf ein Ziel auszurichten?

Wenn man einmal in die Welt der Māori, ihrer Kultur und des *haka* eingetaucht ist, sind die typischen

Teamentwicklungsmaßnahmen westlicher Organisationen – Teambuildings, Teamchartas, Ermittlung von Teamphasen – nicht mehr als »nicht schlecht«. Die spirituelle Komponente, die tiefe, damit einhergehende Verbundenheit, den Respekt vor dem Anderen und die Macht des kollektiven *Du bist nicht allein*-Gefühls können sie nicht erreichen.

Die All Blacks gewinnen natürlich nicht jedes Spiel. Aber in ihrer über 120jährigen Geschichte sind sie mit einer Siegesquote von über 77 Prozent das wahrscheinlich erfolgreichste Team in einer Mannschaftssportart weltweit – nicht schlecht für ein Land mit etwas mehr als fünf Millionen Einwohnern.

Bei der Rugby-WM im Jahr 2023 kamen die All Blacks nach einer Serie von Niederlagen in der Vorbereitung und einer Auftaktniederlage gegen den Außenseiter Frankreich doch noch bis ins Finale. Nur die Springboks aus Südafrika konnten in einem dramatischen Endspiel den vierten Weltmeistertitel für die All Blacks verhindern. »Man dürfe diese neuseeländische Mannschaft nie unterschätzen«, meinten die Kommentatoren. Denn man weiß nie, was der *haka* wirklich in den Männern mit den schwarzen Trikots bewirkt.

Umso wichtiger ist, dass wir dem *haka* mit Respekt begegnen und nicht einfach für unsere Zwecke nutzen. Teile der Māori-Kultur sind sogar offiziell geschützt. Der *haka Ka Ma Te* (*Nagti Toa*) ist beispielsweise ein offiziell geschütztes Kulturgut und darf nicht einfach verwendet werden. Der Tribe, dem es zugeschrieben wird, unterhält eine Schar von Anwälten, die dafür sorgen, dass »Ihr *haka*« nicht ausgebeutet wird. Weltkonzerne mussten schon heftige Strafen zahlen und Produkte vom Markt nehmen, weil sie einfach Māori-Symbole und Elemente ihrer Kultur verwendet haben.

Haka und Māori-Kunst erzählen Geschichten und sind die Geschichte zugleich. Es ist die gelebte uralte Kultur der Māori, mit welcher sie über ihren Stammbaum und Geschichten über Generationen hinweg verbunden sind. Es wird also der kulturellen Bedeutung für die Māori überhaupt nicht gerecht und verletzt die Gefühle einer ganzen Nation, würden wir Elemente daraus für unsere (unternehmerischen) Zwecke einfach übernehmen. Das würde auch nicht zum gewünschten Ergebnis führen. Der *haka* ist in der Māori-Kultur eingebettet in eine ganze Struktur kultureller Eigenheiten und einem tief verwurzelten Glauben an das Übernatürliche. Nur so kann er seine Kraft entfalten.

Aber wir dürfen mutig sein und uns inspirieren lassen. Können Rituale dabei unterstützen, auf unser Umfeld zu schauen und jeden einzubinden, niemanden zu verlieren? Aktuelle Organisationskonzepte wie die agilen Frameworks kennen mit Dailys, Sprints oder Retrospektiven bereits Rituale. Diese regelmäßigen Zusammenkünfte nach vorgegebenen Regeln dienen der Synchronisierung von Teams. Das Erschaffen von eigenen (Team-)Ritualen verwurzelt uns mit einem tieferen Sinn, den Menschen und den Zielen, die man erreichen will. Blindes Kopieren von Ritualen schafft dagegen keinen authentischen Bezug. Seien sie aber mutig und schauen sie in die Welt, lassen sie sich inspirieren und ggf. von echten Māori darin begleiten, etwas für Ihr Team oder Ihre Organisation zu entwickeln. Fragen, die

Ihnen helfen, sich mit Ihrer Umwelt zu verbinden und Rituale zu schaffen, könnten sein:

- Habe ich wirklich Kontakt zu meinen Kollegen?
- Warum brauche ich Nähe?
- Wie wollen wir Gemeinsamkeit ausdrücken?
- Welche Rolle kann ich übernehmen und warum? Wie bespreche ich das in der Gruppe?
- Habe ich heute schon dafür gesorgt, dass das *mana* von jemand anderem steigt?
- Woran erkennen wir, dass jeder jeden stärkt? Wen habe ich zuletzt gestärkt?
- Worauf referenzieren wir unsere Handlungen? Sind wir mehr Spielerkreis oder mehr *haka*?
- Wie äußern wir Respekt?

ERKENNTNIS

Es gibt viele Wege, sich in einer Gemeinschaft zusammenzufinden und zu synchronisieren.

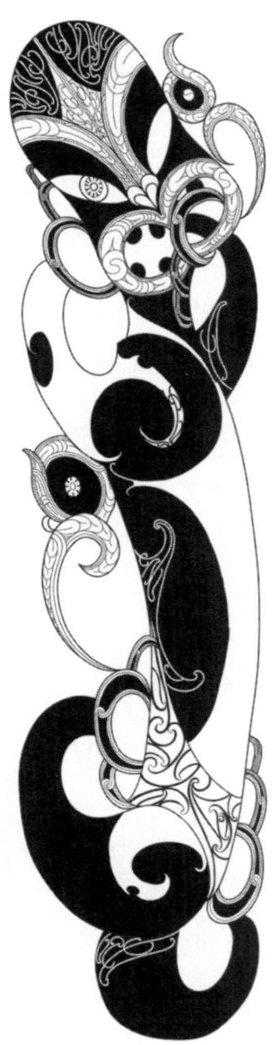

KAPITEL 8

HĪKOI – IHR PROTESTMARSCH

Wie es weitergeht

Zwei Menschen sitzen in einem Coworking Space. Die Flipcharts vollgeschrieben mit Ideen, Konzepten, Pfeilen, Kreisen und Strichen. Schweigen erfüllt den Raum. Beide schauen auf das, was sie da zu Papier gebracht haben und nicken zufrieden. »Danke«, sagt Rebecca, und Nico ergänzt: »So viel habe ich schon lange nicht mehr an einem Tag gelernt!« Es stellt sich ein Gefühl der engen Verbundenheit ein, etwas Besonderes geteilt zu haben, den anderen nun besser zu kennen und auf einer ganz neuen Ebene eine dauerhafte Verbindung geschaffen zu haben. Wir sind uns einig, dass es genau das ist, was wir weitergeben möchten.

Nach vielen Vorträgen und Gesprächen folgt nun dieses Buch. Rebeccas Māori-Netzwerk reagierte positiv auf diese Arbeit und unterstützte sie mit Sachkenntnis und Zuspruch. Für Nico hat allein die Beschäftigung mit den hier beschriebenen Aspekten der Māori-Kultur zu einigen Protesten gegen sein altes »Ich« geführt – ob bei seinem sozialen Engagement bei den Special Olympics oder der Verzicht auf ein eigenes Auto. Jede Menge *hīkoi* hat zu jeder Menge *mana* geführt, so hofft er zumindest. *Hīkoi* – das Māori-Wort bedeutet Protestmarsch und ist vielleicht am ehesten mit »Demonstration« zu übersetzen. Im tieferen Sinne steht es auch für eine lange Reise, eine Reise der Veränderung. Kein Begriff eignet sich deshalb besser für den Abschluss dieses Buches als *hīkoi*. Denn auch wir wollten Sie mit auf eine Reise nehmen, im besten Falle eine Reise der Veränderung und des Protests gegen bestehende Strukturen und die eigenen Glaubenssätze.

Dieses Buch zu schreiben, war ein langer gemeinsamer Weg, bei dem es darum ging, allem den gebührenden Respekt zukommen zu lassen, um Formulierungen zu ringen und ein gemeinsames Werk zu schaffen, das doch auch die Unterschiedlichkeiten der Autoren berücksichtigt. Was ist dieses Buch nun? Ein Kulturführer? Ein Handbuch für Führungskräfte? Lässt es sich überhaupt in eine bestimmte Kategorie einordnen?

Zu Beginn der Arbeit an diesem Buch haben wir uns viele Gedanken darüber gemacht, was es sein soll. Wir konnten uns schließlich auf folgende Punkte einigen:

- Es soll Einblicke in die Māori-Kultur geben und sie mit unserer westlichen Welt in Verbindung bringen.
- Führungskräfte und Teams sollen Inspiration finden und darauf aufbauend neue Formen der Teamorganisation, der Führung und Kommunikation entwickeln.

- Es soll Inspiration liefern, eigene Rituale sowie alte und neue Interaktionssysteme zu erproben.
- Es soll Fragen darüber aufwerfen, wie wir uns selbst in der Welt verorten und durch die Welt gehen.
- Es kann als Vorbereitung für eine Reise nach Neuseeland und dem Kulturaustausch dienen.
- Klein und kompakt, für die Jackentasche, um es überall schnell lesen zu können.
- Ein Buch für ALLE!

Haben wir all diese Ideen verwirklicht? Das können Sie, liebe Leserin und lieber Leser, wahrscheinlich besser beantworten als wir. Was Sie von diesem Buch mitnehmen, wird so individuell sein wie Sie selbst.

Unsere gemeinsame Reise in die Welt der Māori geht dem Ende entgegen. Wir haben Sie mitgenommen auf unseren *hīkoi*, den »großen langen Weg und Protestmarsch« – für ein anderes Miteinander und Mut zur Veränderung.

Hikoi, ein Demonstrationsmarsch, wie oben schon beschrieben, ist in der Māori Sprache assoziiert mit der Idee des Fortschritts. Denn durch die aktive Aussprache und den Willen zur Veränderung, die ein Protestmarsch impliziert, wird etwas bewegen. Der Marsch, eine lange beschwerliche Reise, auf der sich Menschen anschließen, auf der man aber auch Menschen verlieren kann.

1975 organisiert Dame Whina Cooper den »Māori Land March«, der vom hohen Norden Neuseelands bis in den Süden nach Wellington führte, und auf die Land- und kulturellen Rechte der Māori aufmerksam machen sollte. Auf den über 1100 Kilometern wuchs der Marsch von 50 auf etwa 50.000 unterschiedliche Menschen an, die alle eine Stimme bekamen – ein friedlicher Protest, der sich eher *für* etwas einsetzt als gegen etwas auszusprechen.

Es ist ein Unterschied zu bei uns üblichen Protesten, wo meist *gegen* etwas protestiert wird. Gemeinsam etwas verändern. Es beginnt beim Einzelnen, und am Ende geht man den Weg gemeinsam.

Macht das Lust auf etwas mehr *hīkoi* in Ihrem Leben? Vielleicht reicht dazu schon, die Sichtweise der Māori und Neuseeländer auf Demonstrationen anzunehmen. Wie wäre es damit, bei Protesten über ein anzustrebendes Zukunftsbild zu *diskutieren*? Nutzen wir Tarifstreiks nicht nur dazu, um über Geld, sondern generell über das Erleben von Arbeit zu verhandeln?

Wenn man in Unternehmen hört, das alle meistens einer Meinung sind und es keine Konflikte gibt, dann ist das ein sicheres Warnsignal dafür, dass die Themen nicht wichtig oder niemandem die Themen wichtig genug sind, um darum streiten. Das zeugt nicht nur von einem falschen Harmonieverständnis, sondern behindert auch Veränderung und Fortschritt. Warum nicht einen Protestmarsch beginnen? Vom Erdgeschoss bis zur Chefetage. Warum nicht zeigen, dass in Ihrem Unternehmen ein besseres steckt?

Wenn Sie *hīkoi* jetzt schon ein bisschen verinnerlicht haben, ahnen sie warum. Protest bewirkt Fortschritt, Demonstration bewirkt Veränderung. Wie aussagekräftig ist eine Sprache, die direkt für beides die gleiche Wortgruppe wählt?

Wo fangen wir also an mit unserem *hīkoi*? Natürlich bei uns selbst! Protestieren wir gegen uns selbst oder genauer gesagt, gegen die Art und Weise, wie wir Dinge angehen, wie wir miteinander umgehen, den anderen sehen oder bewerten. Setzen wir uns ein für mehr Mut und Menschlichkeit, für den Blick in die Vergangenheit, um mutig in die Zukunft gehen zu können, und für den Gedanken, dass wir doch alle irgendwie miteinander verbunden sind und nur zusammen gedeihen können ein.

»Wie sollen wir das in unseren Arbeitsalltag einbringen?«, werden Sie sich jetzt vielleicht fragen. »Wir können doch nicht einfach zusammen einen *haka* aufführen. Was in Neuseeland funktioniert, klappt hier noch lange nicht.« Da sind sie, die Zweifel, die wie Mauern einem mutigen Probieren im Wege stehen.

Wenn wir in Unternehmen Vorträge halten oder Workshops organisieren, haben wir schon erlebt, wie auf einmal Diskussionen entstehen, die zu ganz neuen Möglichkeitsräumen geführt haben. Die Sorge um eine ausgerufene »neue Höchstleistungskultur« wurde auf einmal umgelenkt in die Frage: »Wie müssen wir uns miteinander verbinden, um höchste Leistung erbringen zu können?« Was sind eigentlich unsere Rituale, die wir teilen möchten? Können und wollen wir über eine andere Art der Nachhaltigkeit nachdenken? Jedes Kapitel dieses Buches kann, ohne Blaupausen zu liefern, Räume öffnen, in denen anders diskutiert, debattiert und um den zukünftigen Weg gerungen wird.

Führungskräfte können aus der Kraft der Māori schöpfen, wenn sie lernen, Verantwortung abzugeben. Sie können mit ihrem ganz persönlichen *mana* wachsen. Denn auch sie sind nie allein.

Vielleicht kann dieses Buch der Wegbegleiter Ihres persönlichen *hīkoi* sein. Ein Wegbegleiter, der Sie nicht allein gehen lässt, der immer wieder neue Perspektiven eröffnet und Reflexion ermöglicht.

Wann beginnt also Ihr persönlicher *hīkoi*?

Zum Abschluss möchten wir zwei Māori-Sprichwörter bzw. Weisheiten mitgeben:

He rangi tā Matawhāiti, he rangi tā Matawhānui.

Der Mensch mit dem engen Blickwinkel sieht nur den engen Horizont, der Mensch mit Weitblick sieht den weiten Horizont.

Inā kei te mohio koe ko wai koe,
I anga mai koe i hea, kei te mohio koe.
Kei te anga atu ki hea.

Wenn du weißt, wer du bist und wo du herkommst, dann weißt du auch, wo du hingehst.

ANMERKUNGEN

1 https://www.instagram.com/maori_toi_germany/
2 https://maoridictionary.co.nz/search?idiom=&phrase=&proverb=&loan=&histLoanWords=&keywords=mana, abgerufen am 25.06.2023.
3 (noun) prestige, authority, control, power, influence, status, spiritual power, charisma – mana is a supernatural force in a person, place or object.
4 https://www.nzonscreen.com/title/tame-iti-the-man-behind-the-moko, abgerufen am 03.04.2024.
5 »I cannot determine what will define my time in this place. But I do hope I have demonstrated something else entirely. That you can be anxious, sensitive, kind and wear your heart on your sleeve. You can be a mother, or not, an ex-Mormon, or not, a nerd, a crier, a hugger – you can be all of these things, and not only can you be here – you can lead. Just like me. No reira tena kotou, tena koutou, tena koutou katoa.«
6 Whanau – Te Aka Māori Dictionary, https://maoridictionary.co.nz/search?idiom=&phrase=&proverb=&loan=&histLoanWords=&keywords=Whanu, abgerufen am 05.03.2023.
   - to be born, give birth.
   - extended family, family group, a familiar term of address to a number of people – the primary economic unit of traditional Māori society. In the modern context the term is sometimes used to include friends who may not have any kinship ties to other members.
7 Siehe hierzu Kapitel 2.
8 Es gibt noch viele andere Geschichten, die von der Wichtigkeit der Frau sprechen: https://teara.govt.nz/en/te-mana-o-te-wahine-maori-women/print, abgerufen am 07.05.2023.
9 https://women.govt.nz/about/new-zealand-women/history, abgerufen am 21.05.2023.
10 Burke, Rebecca: Friendly relations between the two races were soon established? Pākehā interactions with Māori in the planned

settlements of Wellington, Nelson and New Plymouth, 1840-1860. A thesis submitted to the Victoria University of Wellington in fulfilment of the requirements for the degree of Doctor of Philosophy in Māori Studies, Wellington 2014:https://research-archive.vuw.ac.nz/xmlui/handle/10063/3338

11 https://teara.govt.nz/en/biographies/6t4/te-atairangikaahu-koro-ki-te-rata-mahuta-tawhiao-potatau-te-wherowherom, abgerufen am 21.05.2023.

12 https://nzhistory.govt.nz/keyword/whina-coper besucht 21.05.2023 https://www.nzherald.co.nz/nz/1975-whina-cooper-a-voice-to-be-heard/3ROVUYP4SMFGEXMR6YODKHGKD4/, abgerufen am 21.05.2023.

13 https://www.imdb.com/title/tt6826120/, abgerufen am 21.05.2023.

14 https://www.beehive.govt.nz/minister/hon-nanaia-mahuta, abgerufen am 21.05.2023.

15 https://gg.govt.nz/governor-general/biography-rt-hon-dame-cindy-kiro-gnzm-qso, abgerufen am 21.05.2023.

16 https://www.zeit.de/politik/ausland/2022-10/neuseeland-frauen-parlament-mehrheit?utm_referrer=https%3 A%2F%2Fwww.google.com%2F, abgerufen am 21.05.2023.

17 The whole body should speak.

18 Alan Bessy Ellis Armstrong und L. C. Mitchell. *Maori Games and Hakas [I. e. Haka] : Instructions Words and Actions.* Wellington N.Z: A.H. & A.W. Reed, 1964. »The haka is a composition played by many instruments. Hands, feet, legs, body, voice, tongue, and eyes all play their part in blending together to convey in their fullness the challenge, welcome, exultation, defiance or contempt of the words.«

19 https://habs.uq.edu.au/article/2017/08/science-behind-haka, besucht 05.11.2023.

20 https://www.teaonews.co.nz/2017/05/11/kapa-haka-and-te-reo-maori-may-help-maori-avoid-dementia/, besucht 05.11.2023. https://nzccss.org.nz/te-reo-kapa-haka-help-prevent-dementia/, besucht 05.11.2023.

21 https://www.nzherald.co.nz/kahu/kapa-haka-helping-inmates-re-connect-with-their-culture/WPZUGKMULZB7PIHEHFLGRE7ISA/, besucht 05.11.2023.

22 Prof. Dr. Frithjof Bergmann auf der XING New Work Experience 2017, https://www.youtube.com/watch?v=29IoGFD86QM

DANKSAGUNGEN

To my children Otis Apriana and Lotta Hineteāio, who are the sunshines in my life; and in memory of my kaiako, mentor and friend Victor Rangi Manawatu (Ngāti Kuri, Ngāi Tahu). I miss you, Vic, and I hope, you look down on me with a smile. Love and Light.

Ein Buch ist immer ein Gemeinschaftswerk. Ohne meine *whānau* wäre ich nicht in der Lage gewesen dieses Projekt zu realisieren. Danke, dass ihr immer für mich dagewesen seid und mir den Rücken gestärkt habt.

Natürlich danke ich auch all meinen Mentoren und *Kaiako*, die mir mit Rat und Tat zur Seite standen und mir immer wieder neue Denkanstöße gaben. Kane, ohne dich wären viele Fragen offengeblieben, und du warst mir eine wertvolle Reflexionsfläche. Carl, von dir durfte ich so viel über *tikanga* lernen, und ich danke dir ganz besonders für deinen künstlerischen Beitrag zu diesem Buch. Peter Adds, du warst der Ausgangspunkt für meine Reise in die Welt der Māori. Dafür werde ich dir immer dankbar sein.

Und natürlich dürfen an dieser Stelle auch ein paar Worte über Nico nicht fehlen. Nico, danke für die lustigen und die nachdenklichen Momente und nicht zuletzt für all die neuen Möglichkeiten. Ich freue mich, diesen Weg mit dir weiterzugehen. Dieses Buch ist erst der Anfang!

Ein Dank geht natürlich auch an meinen Verlag und dem gesamten Team dahinter. Eure Expertise, Geduld und Hingabe haben dieses Buch zu dem gemacht, was es heute ist. Ein besonderer Dank gilt unserem Lektor Dennis, dessen scharfer Blick und konstruktive Kritik das Manuskript erheblich verbessert haben.

Und nicht zuletzt danke ich all unseren Lesern, all den Mutigen, die sich mit uns auf den Weg gemacht haben, Fragen zu stellen, Veränderungen anzuregen und sich selbst und die Welt neu zu betrachten. Schließen möchte ich mit diesem *whakataukī*:
Ehara taku toa, he takitahi, he toa takitini.

(Mein Erfolg sollte nicht mir allein zugeschrieben werden, denn es war kein individueller Erfolg, sondern der Erfolg eines Kollektivs.)

Rebecca

***

Dieses Buch ist allen denen gewidmet, mit denen ich verbunden bin. Denjenigen, die vor mit waren, denjenigen, die mit mir sind, und denjenigen, die nach mir kommen.

Mit über 60 Jahren mein ersten Buch schreiben zu dürfen, empfinde ich als großes Geschenk. An diesem Geschenk waren viele Menschen beteiligt, bei denen ich mich an dieser Stelle gern bedanken möchte.

An erster Stelle will ich mich bei Rebecca bedanken. Sie hat mich in diese wunderbare und manchmal auch wundersame Welt der Māori entführt. Sie hat mir erklärt, was schwer erklärbar ist und stets geduldig meine Fragen beantwortet. Dass ich derart tief in diese faszinierende Kultur eintauchen durfte, ohne jemals einen Fuß auf neuseeländischen Boden gesetzt zu haben, verdanke ich ihrer enthusiastischen und lebendigen Erzählkunst. Kia Ora!

Ein großer Dank gebührt meinen Eltern Helma und Karl-Heinz. Ihrer Erziehung und ihrem Vorbild habe ich es zu verdanken, dass ich bis ins Alter von 60 neugierig und offen für neue Welten und überraschende Erkenntnisse geblieben bin. Erst durch die Beschäftigung mit meinem *whakapapa* ist mir klar geworden, wie sehr ihr der prägende Teil meines Leben seid.

Als fester Stein und Halt steht meine Frau Beate an meiner Seite. Nur weil sie furchtlos all die Veränderungen der letzten Jahre mitgemacht hat und stets in allem eher das Abenteuer als das Risiko sieht, war mein persönlicher *hikoi* der Veränderung möglich. Ich danke dir mit vollem Herzen.

Meine Kinder und Enkelkinder – Inspiration und Quelle von Erkenntnis. Diejenigen, die nach mir kommen, sind Motor für ein neues Denken und

Handeln und geben dem *kaithiakitanga* Sinn und Zweck.

Ohne unseren Lektor Dennis würde dieses Buch jetzt nicht in deinen Händen liegen. Er hat uns bei einem unserer Vorträge »entdeckt«, vorgeschlagen, ein Buch zu schreiben, und uns durch den gesamten Prozess in beeindruckender Weise begleitet. Kia Ora Dennis und dem gesamten Team des Verlags Vahlen. Dies war eine wunderbare Zusammenarbeit.

Nico